【绿色生活系列】

吃不够忘不掉的100道豆类料理

【韩】朴志英 崔喜卿 著
崔海满 译

按照菜谱就可以轻松做出来的豆类美食盛宴!
清淡健康的100道韩式豆类料理,
让你爱上下厨,百吃不厌!

机械工业出版社
CHINA MACHINE PRESS

图书在版编目（CIP）数据

吃不够忘不掉的100道豆类料理 /（韩）朴志英，（韩）崔喜卿著；崔海满译. —北京：机械工业出版社，2015.8
书名原文：All that BEANS
ISBN 978-7-111-52004-7

Ⅰ.①吃… Ⅱ.①朴… ②崔… ③崔… Ⅲ.①豆制食品-菜谱 Ⅳ.①TS972.123

中国版本图书馆CIP数据核字（2015）第260000号

机械工业出版社（北京市百万庄大街22号　邮政编码100037）
策划编辑：刘文蕾　陈　伟　　责任编辑：姜佟琳
封面设计：吕凤英　　责任校对：王　欣
责任印制：李　洋
北京汇林印务有限公司印刷

2016年1月第1版・第1次印刷
170mm×210mm・10.166 印张・285 千字
标准书号：ISBN 978-7-111-52004-7
定价：39.80元

凡购本书，如有缺页、倒页、脱页，由本社发行部调换

电话服务	网络服务
服务咨询热线：（010）88361066	机工官网：www.cmpbook.com
读者购书热线：（010）68326294	机工官博：weibo.com/cmp1952
（010）88379203	教育服务网：www.cmpedu.com
封面无防伪标均为盗版	金书网：www.golden-book.com

吃不够忘不掉的100道豆类料理

自序一

家庭主妇最大的烦心事之一可能就是如何用更健康的食材为家人做出美味的一日三餐。

我国自古有“药食同源”的饮食思想，人们认为“吃对食物，自有药效”，很早就认识到食物与健康息息相关。

我烹饪食物的时候常把这句话牢记在心。但是对身体有益的健康食品如果不好吃，人们也不会心情愉快地吃下去。人们普遍存在一种偏见，认为健康的食品不好吃。而我却坚持用“好吃又健康”的理念烹饪食物。

豆类等植物蛋白质很早以前就是代替动物蛋白质的最佳食材。豆类是一种优质食材，可以促进孩子的身体发育和头脑发育，有利于年轻女性健康减肥，还可以有效预防中年女性的更年期综合征和骨质疏松症状，有助于老年人预防癌症、心血管疾病、衰老、痴呆等。可惜，人们知道的豆类食材的烹饪方法却很少。为此，我在这本书中介绍了用豆类以及豆类加工食品烹饪的各种美食，提供了许多别出心裁的烹饪方法。

家庭主妇总是绞尽脑汁用健康食材为家人制作营养美味的饭菜，这本书便是她们必备的一本料理书。初次下厨的新手也可以按照书中精确的菜谱为家人做出健康美食。希望这本书能为急需豆类食材烹饪新方法的人提供一点帮助。

我的目标是制作出美味、健康，颐养家人的美食，这也是我以后想做的事情。我在担任厨师考试考官时见过很多考生，我不仅要求他们做的菜肴美味，还要求他们在烹饪过程中保持干净卫生，这样才能达到合格标准。

我认为能否烹饪出美食固然十分重要，但厨师在制作时是否用心更为重要。因为在食物中也可以体会到做菜人的心意。

父母总是为我准备好热腾腾的饭菜，给予我关爱，让我懂得感恩。我的家人给了我巨大的勇气和力量。前辈们，尤其是李京哲组长经常帮助我，朋友们也时常鼓励、支持我，朴世圭、金振国、崔永敏都给予了我大力支持，在此向他们表达衷心的谢意。同时我还要感谢邀我一起编写这本书的崔喜卿老师，总是满脸笑容又很照顾我的郑恩真代理，拍出美丽照片的尹世翰室长。在编写这本书的过程中，我真的很幸福。

在这本书里我收集整理出了很多健康美味的菜谱，衷心希望读者们都可以按照书中的菜谱做出既营养又美味的佳肴。

作者 朴志英

自序二

一般来说，人们饮食中蔬菜和肉类摄取量的最佳比例为8:2。随着经济水平的提高，现代人摄取的肉类已经超出了正常水平。随着外出就餐次数、食用便利加工食品数量的激增，肥胖、慢性病、各种成人病也随之增多。

在很难吃到肉类的年代，人们从豆类中摄取蛋白质，冬天难以吃到蔬菜，便从耐寒的豆芽中摄取维生素C。为了延长储藏时间，古人把豆类发酵制作成各种酱食用，这不能不让人感叹祖先们的智慧。

菜肴真实之意为“多种食材相互搭配，制成富有营养的美味”。我认为菜肴中饱含了诚意、爱和愉悦。即便是特别好的食材，如果缺乏诚意和爱，制作时不开心，那道菜也肯定不好吃。因为食物中完好地保留了做菜人的能量信息。

正如人与人之间需要相互配合一样，各种食材、调料如果搭配不好，便不会散发出诱人的香味。我认为只有当五大营养元素和五种味道相互融合时，才能做出愉悦身心的美食。

这本书主要收集了各种以豆类为主要食材制作出来的美味食谱，并记录了在研究和烹饪实践中研发出的各种菜品的做法。

为了消除人们认为“豆类菜品大部分不好吃”的偏见，书中涉及了小菜、主菜、零食、早午餐、三明治、饮料、中餐、日餐、西餐等诸多领域，同时介绍了各种烹饪方法。为了不让喜欢豆类美食的读者失望，我们倾注心血做出了最为精准和标准化的菜谱。为了方便初进厨房的新手，我们对基础知识也进行了一一整理。希望这本书能够便于各位读者阅读使用，有助于他们做出健康美味的佳肴。

承蒙各位前辈不吝赐教，不断地鼓励、建议，我才得以成长，写成此书，在此对各位尊敬的前辈表达衷心的谢意。同时还要感谢信任、追随我的亲爱的同学们。

亲如姐妹的朴志英老师和我共同编写了这本书，摄影师尹世翰精心拍摄了照片，郑恩真代理更是给予了我不少帮助，我永远不会忘记你们。在这里更要感谢朋友和前辈们给予我的关爱和引导以及父母对我无尽的爱护。

作者 崔喜卿 

推荐序

这本书的主角是豆类食品，说它们是饭桌上最常见的十大食材之一，也几乎无人提出异议。豆类食材就是这么唾手可得，稀疏平常。

小时候，奶奶总是在里屋的一角放上一个带孔的陶缸，盖上包袱发豆芽。爸爸和妈妈也经常煮上满满一大锅豆子做豆腐。

很久以来，豆类食品都在人们的记忆中占据了一席之地。为什么人们总把豆类食品摆上餐桌呢?

一般有两种说法，一种说法是豆类食品的主要原料食用大豆原产于朝鲜半岛的北部和中国东北地区。人们食用大豆的历史悠久，食用方法也多种多样。历史上有关豆类食品的记录最早出现在三国时代末期，由此我们可以推断出人们在此之前便开始食用这些食物。

豆类食品之所以成为人们熟悉的食材的第二种原因在于我们的主食。自古以来，人们以大米、大麦混合各种杂粮做成的米饭为主食。米饭虽然富含碳水化合物，是维持人类生命的一种重要食物，但是其缺乏蛋白质等必需营养元素，而豆类食品很好地补充了这些物质。因此人们创造出众多可以和米饭搭配食用的豆类食品。

进入现代，豆类食品更加常见，价格也开始变得低廉，成为普通民众餐桌上常见的食材。

在长达一千多年的时间里，豆类食品满足着人们的口味，维持着人们的健康，其烹饪方法也丰富多样。但是仔细研究之后却发现容易烹饪的菜品没有几种。大部分是放入汤里炖，或煎，或凉拌。能在家中简单制作的食物比想象中要少。

这本书的编写便是基于这一点。参与本书编写的料理大师并非是用各种珍贵食材、复杂的料理方法烹饪出诱人的美味，而是把视线投向了常见的豆类食品。本书

介绍了许多用“豆腐”和“豆芽”制作美食的方法，不仅有简单的下饭小菜，还有全家人欢聚一堂时享用的丰盛美味。大家可以毫无负担地把“豆腐”和“豆芽”摆上饭桌。

我很想向需要在家做饭的人，喜欢做菜的人，想了解韩国饮食文化的外国人推荐这本书。

韩国SBS电视台制片人 朴世圭 

目录

Part. 3 豆腐

Part. 4 嫩豆腐&软豆腐

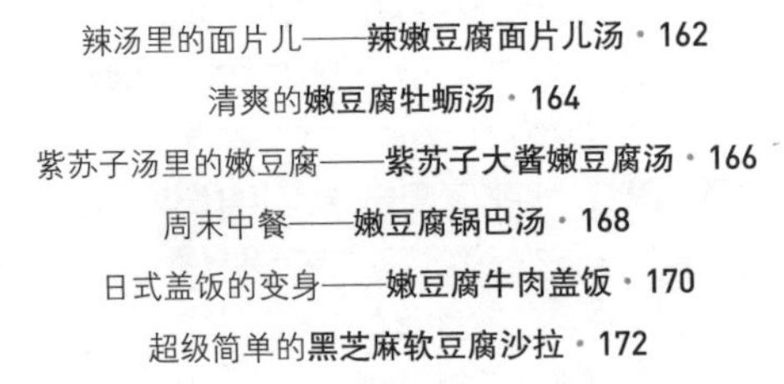

Part. 5 豆奶&豆粉&黄豆渣&油豆腐&纳豆&清麴酱&大酱

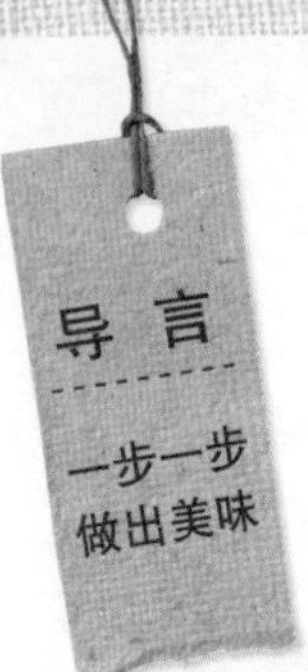

1. 计量妙招

要想做出好吃的食物，精确的计量十分重要。能够准确地把握食品或调料的量不仅可以让食物更加美味，还可以让食物保持一贯的口感，是一种可以减少食物垃圾的重要举措。下面就为大家介绍一下屡试不爽、可以做出相同口味的计量方法。

● 计量汤勺 &杯

量取粉末类食物或调料（面粉、辣椒粉、白糖、盐等）时按照平勺计算，量取液体（水、酱油、料酒、糖稀等）时按照满勺计算。

1 大勺 = 1大汤勺 = 1Ts = 1tablespoon = 15g = 15ml

1 小勺 = 1小汤勺 = 1ts = 1teaspoon = 5g = 5ml

1 杯 = 1C = 1Cup = 200g = 200ml

各种量具中调味料的重量（单位：g）

调料	1 小勺	1 大勺	1 杯	调料	1 小勺	1 大勺	1 杯
水、醋、酒	5	15	200	芝麻盐	3	8	120
酱油、 味醂	6	18	230	精盐	5	15	200
大酱、辣椒酱	6	18	230	粗盐	4	12	160
辣椒粉	2	6	80	白糖	3	9	120
食用油、 黄油	4	13	180	胡椒粉	3	9	120

（续）

调料	1小勺	1大勺	1杯	调料	1小勺	1大勺	1杯
面粉	3	8	100	蒜泥、大葱、生姜	3	9	120
淀粉	3	9	10	蛋黄酱	5	14	190
面包粉	1	3	40	番茄酱	6	18	240

（参考：安善静 金恩美 李恩晶 合著/《新感觉新料理原理》/白山出版社/2012/p15）

2. 高汤制作的妙招

在寒气逼人的寒冷冬日，在细雨淅淅沥沥的潮湿天气，人们都会想起一碗热气腾腾的炖汤。炖汤是否香浓好喝，当然得靠高汤。下面介绍一下无法用调料调制出来的几种高汤的制作方法。

● 海带汤

海带汤爽口、美味，可以用于制作各种炖汤、汤锅等。

海带经过长时间的熬煮，会发黏，带些苦味。

表面有很多白色粉末、比较厚实的海带是优质海带。

高汤制作方法：

清洗掉海带表面的白色粉末，放入凉水中浸泡一夜再煮即可。没有时间的话，可以在凉水中煮沸，关火后浸泡10分钟。

● 蛤蜊汤

蛤蜊汤爽口，有甜味。先等蛤蜊吐干净泥土后再煮，才不会吃到里面的沙尘。先把蛤蜊放入与海水咸度相似的盐水中，用黑色的口袋盖好，放置大约30分钟后使用。

袋装的蛤蜊只需用手轻轻敲打口袋，如果蛤蜊有动静就是活的，用这种方法可以辨别蛤蜊的新鲜度。

高汤制作方法：

把蛤蜊和海带放入凉水中煮沸，捞出海带，等蛤蜊张开口后，用棉布滤清。注意煮的时间不宜过长，否则，蛤蜊肉就会变硬。

● 鳀鱼汤

鳀鱼汤是很久以来，韩国料理中最常用到的一种汤，适合加入大酱、辣椒酱、辣椒粉等食材，也可以用来和面粉一起制作面片儿汤、刀切面、热面汤等。

熬汤用的鳀鱼需要挑选表面有光泽、鱼头完好、没有腥味的。

高汤制作方法：

清理出鳀鱼的内脏，倒入汤锅中用小火翻炒20秒，倒入凉水、海带煮沸，捞出海带，再用中火煮15分钟，用棉布滤清。

● 鲣鱼汤

鲣鱼又称鲣节，最早用于日式炖汤，最近也出现在韩餐的炖汤中。鲣鱼属于金枪鱼科，加工时即使不需添加人工调料，也会有种香气充满口腔。它能够令炖汤和汤锅更加美味。

如果鲣鱼没有干透或保管时因没有密封好而受潮，就会有种恶臭或是呈现混浊的深褐色，挑选时需要注意，购买后要注意密封、防潮。

高汤制作方法：

把海带放入凉水中煮沸，然后放入鲣鱼片浸泡10分钟，颜色变成深大麦茶色时，用棉布滤清。

● 牛肉汤

想要做出香气浓郁的汤时需要用到牛肉汤。做牛肉汤要选用牛胸肉或牛腱子肉，牛油少的部位熬出的汤才清亮。

最好挑选肉色鲜红、没有黄色牛油的牛肉。

高汤制作方法：

把牛肉块放入凉水中浸泡，去除血水，然后用沸水焯一下。把大葱、洋葱、蒜、胡椒粒、白萝卜放入凉水煮沸，然后放入焯好的牛肉，用中火煮40分钟后用棉布滤清。

蔬菜汤

蔬菜汤可以用来制作各种美食。各种蔬菜的香味可以增强食欲，也可以用来制作调味酱或蒸煮米饭。

蔬菜表面有伤痕或打蔫的都不太好。用不新鲜的蔬菜熬出的汤不仅汤色混浊不清，还会有种苦味。白萝卜、胡萝卜要带皮煮，才能把所有的营养元素都利用上，芹菜去除纤维后味道才更为浓郁。

高汤制作方法：

把蔬菜汤的材料放入凉水中煮沸，捞出海带，用中火煮45分钟，变成清亮的绿茶色后，用棉布滤清。

明太鱼汤

浓浓的明太鱼汤可以让各种炖汤更加爽口美味，可以用来制作什锦火腿肠汤、大酱汤、裙带菜汤等。

头部呈混浊的褐色、腥味大的明太鱼品质不好。金黄色、微微有些明太鱼特有香味的才是明太鱼中的上品。用明太鱼头熬汤味道更好，放入大葱根须一起熬，汤会更加鲜美，还可以预防感冒。

高汤制作方法：

用湿的洗碗巾擦干净明太鱼头，去除杂物，大葱根用凉水浸泡20分钟，去除泥土。把明太鱼头、白萝卜、大葱根、干辣椒放入凉水中煮沸，然后再用中火煮30分钟，用棉布滤清。

虾汤

干虾汤不仅香味浓郁，还有淡淡的甜味，放入到菠菜汤、黄豆芽汤、锦葵汤中，可以中和这些蔬菜的草腥味。

干虾要选择深粉红色、光泽度好的。如果用手抚摸有些发黏、腥气很重的都不是好虾。

高汤制作方法：

把干虾放入汤锅中翻炒大约20秒，等虾的香味浓郁后关火，倒入凉水、海带煮沸，然后用中火再煮20分钟，用棉布滤清。

3. 挑选调料的妙招

厨师的手艺固然重要，不过搭配上合适的调料和食材，才更容易做出美味来。下面介绍一下本书食谱里所用到的调料。

海盐

海盐是在盐田蒸发海水、晾晒而成的盐。海盐富含天然矿物质，低钠，比普通食盐更有益于身体健康。

金枪鱼液 / 辣金枪鱼液

金枪鱼液是在烟熏金枪鱼的提取物里添加海带、白萝卜、甘草等制作而成的一种多用途液体调料，使用它家中无需单独熬制高汤也能享用美味。用它做汤、凉拌、做泡菜都很鲜美。辣金枪鱼液不仅有金枪鱼的美味，还有些辣味，更为爽口，适合喜欢吃辣的人。

大豆料理精华液 （ 纯 ）/大豆料理精华液

清靓的鲜汤里加入大豆料理精华液（纯）不仅不会损坏汤的原汁原味，还会使汤汁更加清淡柔和。在炖汤或炖锅中添加大豆料理精华液，会使汤汁更加香浓醇厚。

酱油

酱油是把脱脂大豆和小麦做成的酱曲放入盐水中浸泡，然后把浸出的液体舀出倒入大锅中熬煮而成，其含钠量比盐少，可以用来做凉拌菜和汤。

大酱

大酱是酱曲腌制完酱油后，舀出浸泡的液体后剩下的残渣。如果按照传统方式不加热，使其中的枯草菌保持活性，味道更佳。

辣椒酱

辣椒酱是在煮的稀软的大米饭、大麦饭或是用蒸糕粉煮的稠粥中，放入酱曲粉、辣椒粉、盐等搅拌而成的调料，可以使韩国美食有种辣味。

黑醋

黑醋由糙米发酵而成，完好地保留了糙米的营养成分，与普通食醋相比，黑醋含有很多人体必需的氨基酸、矿物质等营养成分。

橄榄油/葡萄籽油

葡萄籽油燃点高、吸油量低，适合用于炸制食物。

橄榄油的油酸含量达70%以上，吃高胆固醇的食物时搭配食用，有利于身体健康。

豆类食物的所有知识

1. 豆类食物的营养价值和功效
2. 各种豆制品
3. 更为美味的豆制品料理方法

豆子、黄豆芽、豆腐、油豆腐、大酱、包饭酱、清麴酱……用豆类和豆制品为食材可以做出一桌豆宴。人们的餐桌上天天都有豆子和豆腐。下面让我们一起了解一下日常生活中熟悉的豆类食品。

1. 豆类食物的营养价值和功效

大豆富含蛋白质，可以和肉类相媲美，被称为田地里长出来的肉类。下面让我们了解一下，除了蛋白质，豆类制品中还有哪些营养物质吧。

（1）豆类的营养价值

● 大豆蛋白

作为主要的植物蛋白质来源，豆类的价值已经在许多研究中得到证实。大豆蛋白比动物性蛋白质更易于消化吸收，其吸收率和牛奶、蛋清一样，高于牛肉。大豆蛋白的快速吸收有助于形成和强健肌肉，还可以降低体内有害的胆固醇和脂肪含量。

大豆蛋白还可以降低血液中的胆固醇含量，有强健血管、清洁血液的效果。豆类成分中的大豆皂角苷有吸附和排出血液中过多胆固醇和脂肪的功能。

● 异黄酮

异黄酮被称为植物性雌激素。大豆中含量丰富的大豆苷元和金雀异黄酮是颇具代表性的异黄酮，植物性雌激素效果最为显著。异黄酮有助于人体生成内肽啡、血清素等脑神经传达的激素，提高钙的吸收率，有助于预防骨质疏松症，可以减缓绝经期女性因雌激素分泌不足出现的更年期症状。此外，异黄酮还有卓越的抗癌效果，可以美容和美白肌肤。

大豆中提取的异黄酮是一种植物物质，没有副作用，对人体安全可靠。雌激素主要作用于乳房、子宫、卵巢等女性生殖器官，还作用于睾丸、前列腺等男性生殖器官和大脑中，并在保持骨骼和心血管方面的正常生理活动上发挥十分重要的作用。

更年期女性服用雌激素药物制剂，补充雌激素，会增加乳房癌、子宫癌的发病率。特别是家人中有乳房癌、子宫癌患者的人最好服用没有副作用的植物性雌激素。异黄酮和雌激素结构相似，可以调节女性荷尔蒙的活性或代替女性荷尔蒙，改善女性更年期症状，有助于防止绝经期女性的脑组织老化，还可以有效预防骨质疏松。

东方人喜食豆制品，其乳房癌和前列腺癌的发病率低于西方人。

每天摄入50 ~ 100mg的异黄酮（45g大豆或一块豆腐），便可以激活雌激素的活性，缓解更年期症状。

● 卵磷脂

卵磷脂是一种磷脂质，很容易溶于水和油。卵磷脂可以吸附和排泄掉血管里的胆固醇和油脂，防止血管内部堆积废物。大豆卵磷脂可以消除血液中的中性脂肪，抑制血小板凝结，减少血栓的形成，降低动脉硬化的危险。经常吃肉、快餐和加工食品并且压力大的人士，体质下降的人士，想保持美丽容颜的女性，喜欢饮酒的人士，经常吸烟的人士，考生或正值发育期的青少年，不孕症女性或孕妇，运动量大的人士都需要补充大豆卵磷脂。

● 大豆皂角苷

大豆皂角苷可以吸附和排出血液中过多的胆固醇和脂肪成分。有研究结果表明大豆皂角苷可以促进癌细胞自溶，进而杀死癌细胞。每天坚持吃一次富含皂角苷的大豆或大豆制品，可以有效预防结肠癌的发生。

从豆类中提取的大豆皂角苷的抗病毒研究发现，大豆皂角苷可以直接杀死病毒，从而抑制流感病毒和降低免疫力病毒的繁殖。

● 大豆低聚糖

大豆中含有棉籽糖和水苏糖这些低聚糖。大豆低聚糖是一种从大豆乳清中提取的天然粉末，甜度比白糖约低70%，热量为白糖的一半。大量摄取大豆低聚糖，也不必担心长胖。而且大豆低聚糖可以抑制二糖分解酶在小肠粘膜上的活性，降低血液中的胆固醇和中性脂肪。因此，低聚糖和白糖不同，不会刺激胰脏的胰岛素分泌，进而不会导致出现血糖增高的症状。另外，低聚糖还是肠内微生物的能量来源，可以把氮运送到大肠，有助于减少大肠末端氨和蛋白质分解物的数量，而这两种物质被认为是导致大肠癌的危险要素。

● 花青素

2008年美国国家保健局称花青素可以预防心血管疾病、糖尿病、关节炎和癌症，这是因为花青素有强大的抗氧化和抗炎功效。黑豆中含有大量的花青素成分，每1g黑豆皮中大约含有15mg花青素，各个品种含量略有不同。最近随着消费者对黑色食品的关注度日益增加，出现了各种黑豆食品和黑豆制品。

（2）豆类的健康功效

● 大豆有防癌功效

皂角苷可以防止细胞发生突变成为癌细胞。随着年龄增加，过多地摄取肉类会让人体内产生致癌物质——过氧化脂质。而大豆皂角苷可以分解过氧化脂质，截断癌症的根源。

大豆不仅营养丰富，还有含有大量的膳食纤维。膳食纤维可以将肠内细菌产生的诱发癌症的有害物质排出体外。膳食纤维可以分为水溶性纤维和非水溶性纤维两种，大豆膳食纤维是非水溶性纤维，可以有效吸附和排出小肠内的胆固醇。

● 大豆可以缓解糖尿病

糖尿病是由于胰岛素功能下降，无法调节血液中的糖分而产生的疾病。糖尿病患者需要注意调节饮食，以免血糖浓度急剧增高。大豆中的膳食纤维可以降低碳水化合物和葡萄糖进入血液的速度。大豆中的松醇成分可以影响胰岛素，降低血糖。糖尿病的并发症一般多发于肾脏、心脏、眼睛。据报道，大豆蛋白具有缓解蛋白尿、组织损伤、高血脂症状的功效。三分之一的糖尿病患者会出现肾功能障碍的并发症，大豆蛋白可以有效缓解这一症状。

大豆中的异黄酮类似女性雌激素，可以有效预防乳房癌、骨质疏松。大豆富含花青素和皂角苷等各种物质，可以有效预防糖尿病、心血管疾病等由不良生活习惯引起的疾病。特别是黑豆和绿色豆类中富含抗老化功效的花青素，还有大量可以有效预防和治疗白内障的叶黄素。

黑豆自古入药，最近又发现黑豆中含有抗糖尿病制剂的肌醇，其预防糖尿病的效果也令人期待。

● 大豆可以强健骨骼和关节

大豆富含钙质，大豆蛋白质中促进钙质排泄的含硫氨基酸含量少，还可以促进碱的生成，有助于钙的吸收。因此多吃豆类，可以维持骨骼健康，预防和治疗骨质疏松。

骨质疏松多发于女性，主要是因为怀孕、生育消耗大量钙质，女性雌激素在更年期之后急剧减少等原因导致。异黄酮在骨骼代谢中发挥着和雌激素相似的作用，可以增加造骨细胞，预防和治疗骨质疏松。而大豆蛋白质中的异黄酮和雌激素一样可以促进骨细胞生长，阻止钙质流失体外，保持造骨细胞的活性，促进骨骼形成，增加骨密度。钙质参与肌肉收缩，摄取大豆蛋白质可以防止钙质流失，预防因钙质不足造成的运动损伤。另外，人体一般对植物性食品中的铁质元素吸收效率很低，但可以高效吸收大豆中的铁质元素。

大豆的健康作用表

疾病名称	功效成分	功效	备注
心血管疾病	异黄酮	降低低密度脂蛋白（LDL）、提高高密度脂蛋白、保护冠状动脉	
	卵磷脂	排出多余胆固醇	
	皂角苷	保护心血管	
	花青素	预防冠心病	
癌症	异黄酮	预防乳房癌、前列腺癌等疾病	
	花青素	抑制结肠癌、皮肤癌、肺癌的细胞活性	
	皂角苷	杀灭结肠癌细胞、分解过氧化脂质	
	膳食纤维	排出肠内有害物质	
糖尿病	大豆蛋白	缓解肾脏功能异常症状、减少尿蛋白和低密度脂蛋白（LDL）	
	肌醇	调节胰岛素的信号调节体系，调节血糖	
	花青素	抑制α–葡萄糖苷酶的活性	
骨骼关节病症	异黄酮	改善骨质疏松症状、有助钙质吸收	
	大豆蛋白	预防骨质疏松	
泌尿器官疾病	异黄酮	抑制前列腺肥大	
更年期症状	花青素	抗氧化和防止老化	
	多酚	抗氧化和防止老化	
	异黄酮	有助于改善更年期综合征、绝经引起的心血管系统疾病和骨质疏松症	
视力疾病	叶黄素	预防治疗白内障	
	花青素	改善视力	
皮肤疾病	卵磷脂	预防皮肤病	
	异黄酮	调节女性荷尔蒙、改善皮肤状况	

2. 各种豆制品

豆类营养丰富，下面介绍一下以各种方式制作而成的豆制品。

● 黄豆芽

黄豆芽是把大豆放入排水良好的容器中，放置于阴凉处，加水培养出来的。

黄豆芽不仅含有大豆所有的营养成分，还在发芽过程中生成了包含维生素C在内的各种维生素，比大豆含量还丰富。

黄豆芽的尖含有维生素B1， 芽身含有维生素C， 越往根部天冬氨酸的含量越丰富，因此黄豆芽不需掐头去尾，清洗一下整个吃最为营养。

● 豆腐

豆腐是具有代表性的大豆加工食品，将豆子研磨、滤去豆渣，然后放入凝固剂而制成。豆腐是蛋白质食品的代名词，很多人会误以为豆腐的成分只有蛋白质，其实豆腐中不仅富含蛋白质，还含有脂肪和碳水化合物。豆腐中还含有适量的豆类异黄酮和大豆皂角苷等功效卓越的生理活性物质。豆腐有多种，凝固过程中没有经过按压，和水分一起凝固的是嫩豆腐；经过按压，除去水分凝固的是豆腐块；和豆腐水一起放入模具中凝固的是软豆腐。最近也有商场出售不去渣的豆粉制成的全豆腐。全豆腐源自日本，利用了整个豆子的营养价值，用了表示完全的“全”字，称为全豆腐。全豆腐没有去豆渣，膳食纤维含量很高。

豆腐的营养成分备注

水分（g）	蛋白质（g）	脂肪（g）	碳水化合物（g）		灰分（g）
82.8	9.3	5.6	1.4（糖质）	0.29（纤维素）	0.9

● 豆奶

由于有些孩子无法消化母乳和牛奶中的乳糖，人们开始研究用豆类作为代餐，便出现了出售的豆奶。很多企业开发和出售多种豆奶食品。

豆奶、牛奶、母乳中的水分含量相似，但是豆奶在三者中蛋白质含量最高，热量最低。虽然豆奶中的钙、钠的含量较低，但脂肪、碳水化合物、灰分等的含量与牛奶、母乳没有太大差异，此外豆奶中的铁含量超出牛奶十倍，适合用来补铁。

● 大酱

大酱是将豆酱饼腌制成酱油后，滤去水分，剩下的固体物。大酱缘起何时不得而知。

豆类与霉菌相遇，其味道和营养都会发生进化，发酵过程中生成了豆类中没有的维生素B、维生素K、多聚谷氨酸、高分子核酸等物质。维生素B1会增加50%， 有助于缓解疲劳并安定神经。在这一过程中，提高能量代谢能力的维生素B2约增加3倍，还会生成预防贫血的维生素B12。

豆类在芽孢杆菌和霉菌的作用下自然发酵，通过日晒或煎煮，加入木炭或盐，可以去除发酵过程中生成的褐色物质、氨气等自然发酵过程中有可能出现的有毒物质。

大酱经过发酵和成熟，会产生新的健康营养成分，如决定大酱颜色的麦拉宁色素成分，不仅有卓越的抗氧化效果，还可以促进胰岛素正常分泌，改善糖尿病症状。

大酱的另一成分亮氨酸氨生理活性突出，可以减轻头痛症状，降低血压，还有去除胆固醇，增强血管弹性的功效。

大酱中不仅富含有强力抗炎功效的脂肪酸、亚麻酸，还含有构成皮肤保护脂质层的成分，可以很好地治疗过敏性皮炎。有研究结果表明传统大酱比改良大酱抗癌效果更好。

● 清麴酱

发酵的清麴酱中的抗氧化物质是豆类的8倍多，大豆发酵过程中生成的维生素K有助于累积骨骼中的钙质，因此，每日吃一些清麴酱可以防治骨质疏松。清麴酱的抗癌效果显著，还有降血压、预防便秘和瘦身功效，是一种优良食材。

● 纳豆

纳豆类似韩国的清麴酱，由稻草的芽孢杆菌发酵而成，表面附着一层黏稠的黏液，越搅拌体积越大，黏性更强，是日本一种很常见的发酵食品。纳豆的原料中含有蛋白质、脂肪、矿物质等成分，可以预防心脏病、骨质疏松和肥胖症，还有调节肠道、抗老化的功效。

3. 更为美味的豆制品料理方法

豆制品是我们餐桌上常见的食材，下面让我们了解一下把它们烹饪得更为美味的方法。菜肴味道最重要的是食材的新鲜程度，其次就是烹饪的方法。

● 豆类

小时候饭桌上的豆子饭里，豆子总是硬邦邦的，我老是会挑出饭里不爱吃的豆子。其实熟透的豆子很好吃，很甜。下面我们介绍一个做美味豆饭的方法，从此吃豆子饭时再也不会往外挑豆子了。

煮豆子的方法

豆子一般在水里浸泡5 ~ 10个小时，体积会增加1倍。不过红豆皮厚，与其他豆类不同，不怎么吸水，泡在水中不但不会泡发，还会萌发胚芽，造成营养流失，因此红豆不必用水浸泡直接用冷水煮即可。

煮豆子的时候不能盖锅盖，以防止豆汤沸腾之后溢锅。

同时烹饪几种豆子时，各种豆子需单独浸泡才不会丧失各自的味道。

● 黄豆芽和绿豆芽

黄豆芽和绿豆芽可以用来炒、煮汤、凉拌，但一不注意，其特有的腥味会很容易破坏食物的美味。

注意：大豆中含有妨碍蛋白质分解的成分，生食不易消化，因此大豆最好做熟再吃。大豆的营养吸收率炒熟后可以达到60%，煮熟后可以达到70%，做成豆腐可以高达95%，而且更为美味。

挑选黄豆芽的方法

挑选黄豆芽时尽可能选择根不长，没有须根的。黄豆芽在择过之后，营养成分会从断面流出，发生变色，所以最好不择，直接保管。黄豆芽在阳光下豆芽尖会变绿，保管时最好用纸袋或不透明的塑料袋包好，放入冰箱冷藏。

没有豆腥味的烹饪方法

如果在烹饪黄豆芽的过程中打开锅盖，就会产生黄豆芽特有的豆腥味。为了防止出现豆腥味，在黄豆芽熟之前都要盖上锅盖，中途不能打开，或是一直就不盖锅盖。不要掀了再盖，或盖了再掀。

水中加点儿盐后水温不易下降，可以在一定温度内焯黄豆芽，而且无须再单独调味。

把黄豆芽放入凉水后捞出，会更加脆嫩。

黄豆芽在沸水中焯熟后搭配其他食材食用，可以消除其特有的豆腥味。

● 豆腐

豆腐弄碎后翻炒一下可以去除豆腥味，而且很有弹性、嚼劲儿，有种大豆特有的香气。豆腐末可以代替肉末，供不能吃肉食以及素食主义者食用。豆腐中不仅含有肉类中的蛋白质，烹饪得当，还有肉末的味道。

豆腐水分很多，弄碎烹饪时，如果不挤出水分，调料会不怎么入味，而且容易散掉，不容易成团。

豆腐在盐水中焯过后，由于渗透压现象，豆腐不容易散，也很入味。而且撒上盐后，豆腐中水分蒸发，油炸时很少溅油。

● 其他豆制品

无糖豆奶常用来烹饪食物，可以保持豆奶特有的口感。

油豆腐是一种油炸的豆腐加工食品，烹饪前用沸水焯一下可以减少油脂，口感更为清淡。

Part 2

豆子&绿豆芽&黄豆芽

什锦豆子土豆沙拉 / 豆腐黑豆意式烤面包片 / 什锦豆子焖菜 / 什锦豆子营养饭 / 什锦豆子炖鸡汤 / 烧黑豆 / 小鳀鱼炒花生 / 炖花生 / 油炸豆玉米球 / 豌豆奶油酱炒年糕 / 豌豆冷汤 / 黑豆白米蒸糕 / 豌豆海鲜咖喱饺 / 鸡蛋&豆子酥脆比萨 / 红豆面条 / 绿豆芽蔬菜春卷 / 醋拌绿豆芽 / 绿豆芽拌乌冬面 / 绿豆芽炒猪肉 / 黄豆芽土豆饼 / 辣白菜黄豆芽汤 / 黄豆芽泡菜饼 / 黄豆芽油豆腐辣鱿鱼汤 / 黄豆芽拌海蜇 / 黄豆芽明太鱼汤 / 黄豆芽鱿鱼粥 / 黄豆芽香菇饭 / 照烧黄豆芽紫菜包饭 / 黄豆芽苏子叶泡菜 / 凉拌黄豆芽 / 黄豆芽蘑菇酱 / 黄豆芽小西红柿冷汤

豆类大杂烩——什锦豆子土豆沙拉

- 分量：2人份
- 制作时间：30分钟
- 难度：中级

"这道健康菜肴中放入了各种豆子和土豆，营养美味，完好地保留了豆子和土豆的天然风味。"

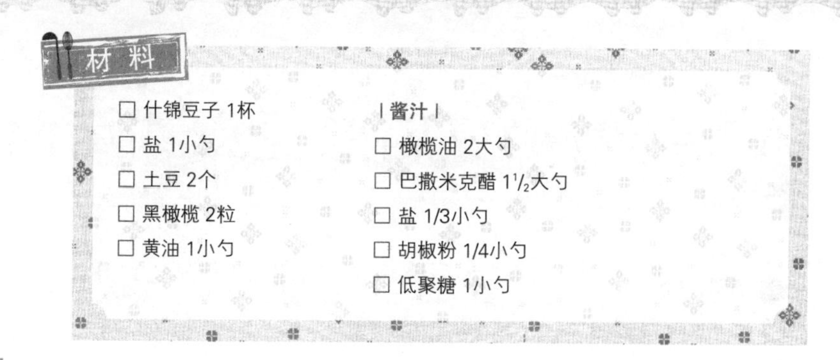

材料

- ☐ 什锦豆子 1杯
- ☐ 盐 1小勺
- ☐ 土豆 2个
- ☐ 黑橄榄 2粒
- ☐ 黄油 1小勺

| 酱汁 |

- ☐ 橄榄油 2大勺
- ☐ 巴撒米克醋 $1\frac{1}{2}$大勺
- ☐ 盐 1/3小勺
- ☐ 胡椒粉 1/4小勺
- ☐ 低聚糖 1小勺

制作指南

1. 先把所有的豆子用清水浸泡半天，然后放入冷盐水中煮大约15分钟。

2. 土豆也放入冷水中，加盐煮10分钟，煮好后切成2cm大小的土豆块，方便食用。

3. 黑橄榄切成薄片。

4. 在煎锅里滴上黄油，涂抹均匀后，倒入土豆翻炒1分钟。

   Tip 土豆煮熟后翻炒一下，搅拌时不会碎，质感也会更加松软。

5. 把 1、3、4倒入碗里搅拌好后，加入酱汁，轻轻搅拌。

6. 装盘。

注意事项

提前把豆子泡好不仅可以缩短煮豆的时间，也会使豆子更加软糯。

注：本书中的料理步骤图只针对重点步骤进行配图，请根据图号参看相应的步骤说明。

让人食欲大增的豆腐黑豆意式烤面包片

分量：7个

制作时间：15分钟

难度：初级

"在香喷喷的法式长棍面包上放上豆腐、黑豆制作而成的意式烤面包片，这道意大利料理既可以当作儿童的零食、作大人的酒肴，还可以当作女士们的减肥代餐、早午餐。"

材料

□ 法式长棍面包片 6～8片
□ 煎豆腐用的豆腐 1/3块（100g）
□ 黑豆 50g
□ 西红柿 1个
□ 橄榄 4粒
□ 洋葱 40g
□ 盐 1/4小勺
□ 巴撒米克酱汁 2大勺

| 煮黑豆水 |
□ 水 2杯
□ 白糖 1大勺

□ 橄榄油 1小勺

| 腌制调料 |
□ 橄榄油 4大勺
□ 巴撒米克醋 1大勺
□ 白糖 2小勺
□ 荷兰芹粉 1小勺
□ 盐 1/2小勺
□ 胡椒粉 1/5小勺

制作指南

1. 把法式长棍面包的一面在煎锅里烤制金黄。

Tip 煎锅里不放黄油和油，烧干锅后用小火将面包片烤至表面酥脆。经过烤制可以去除法式长棍面包里的水分，烤一下面包片的表面，将腌制好的材料放在上面，面包片也不会湿漉漉的。

2. 豆腐切成0.5cm长的方块，在沸水中加盐，倒入切好的豆腐块焯30秒钟。

3. 黑豆提前在水里浸泡3个小时，倒入加入白糖和橄榄油的沸水中煮20分钟，捞出备用。

Tip 煮黑豆时加入白糖和橄榄油，豆子会很有光泽，味道也更甜。

4. 把西红柿、橄榄、洋葱切块。

5. 拌匀腌制调料后，倒入西红柿、橄榄、洋葱、豆腐、黑豆，腌制2小时左右。

6. 在法式长棍面包上放上腌制好的食材，然后淋上巴撒米克酱汁即可。

1

2

5

注意事项

① 意大利烤面包片（bruschetta）是一种意大利美食，是在法式长棍面包片上放上蔬菜、蘑菇、酱汁制作而成，适合用作聚会餐点或开胃菜。
② 制作时间没有包含腌制的2小时。如果要短时间里制作出来，可以把腌制时间缩短成10分钟，最好在烤面包前开始腌制。

奇味飨宴——什锦豆子焖菜

分量：2人份

制作时间：30分钟

难度：中级

“什锦焖菜是一道法国普罗旺斯地区人们喜欢食用的传统菜肴。蔬菜里蛋白质匮乏，我们在这道菜里放入了蛋白质丰富的豆类。清香的豆子和爽口的蔬菜，堪称完美搭配。”

材料

□ 什锦豆子 1杯	□ 蒜 2瓣	｜西红柿酱汁｜
□ 洋葱 50g	□ 月桂树叶 1片	□ 番茄酱 1杯
□ 西葫芦 50g	□ 黄油 1大勺	□ 低聚糖 1小勺
□ 红辣椒 1/2个（50g）	□ 荷兰芹粉（或罗勒）1/2小勺	□ 盐 1/3小勺
□ 西红柿 1个（也可以用其他蔬菜）		□ 胡椒粉 1/3小勺

制作指南

1. 先把什锦豆浸泡半天，煮软，用滤勺滤去水分。

2. 西红柿上用刀划出十字，放入热水中焯3秒钟，捞出去皮、去籽，切成适合入口食用的大小。

   Tip 西红柿上用刀划破皮，再去焯一下后容易去皮，西红柿籽儿有点儿涩，去籽儿后比较好吃。

3. 蒜切成片，其他蔬菜切成西红柿的大小。

4. 在烧热的煎锅里放入黄油，待黄油融化后放入蒜炒香，然后放入豆子和蔬菜，用中火翻炒2分钟。

5. 蔬菜炒熟后，倒入西红柿酱汁、月桂树叶子，用中火煮5分钟，煮开便可关火。

6. 装盘后撒上荷兰芹粉或罗勒。

2

4

5

注意事项

什锦焖菜由茄子、西红柿、甜椒、洋葱等各种蔬菜和香草制作而成，所有食材都需炒熟。这道菜热食或冷食皆可，可以当作主菜，也可以作为配菜，还可以和面包、薄脆饼干搭配在一起作为开胃菜食用。

豆类养分大集合，什锦豆子营养饭

分量：2人份

制作时间：30分钟

难度：中级

“蒸米饭时放入豆子，豆子里的蛋白质游离氨基酸溶解出来会使米饭更有光泽，更加营养。没有比豆子和米饭更好的搭配了吧？”

材料

☐ 什锦豆子 1/3杯
☐ 栗子 3个
☐ 大枣 2个
☐ 银杏 5颗
☐ 泡发香菇 1个
☐ 大米 2/3杯
☐ 香油 1小勺
☐ 食用油 1/3小勺
☐ 海带汤 1又1/4杯
☐ 清酒 1大勺
☐ 盐 1/3小勺

| 调味酱油 |

☐ 酱油 3大勺
☐ 辣椒粉 1/2小勺
☐ 紫苏油 1大勺
☐ 芝麻盐 1/2小勺
☐ 蒜泥 1/2小勺
☐ 韭菜 3根（切成小段）
☐ 海带汤 1大勺

制作指南

1. 先提前把什锦豆子用水浸泡半天，大米洗净后浸泡30分钟，用滤勺滤去水分。

   Tip 豆子需要很长时间才能蒸熟，最好充分泡发。

2. 大枣绕圆去核，切成4等份，栗子去皮，切成4等份备用。在锅中加入1/3小勺食用油，倒入银杏炒熟去皮，泡发好的香菇切成4等份备用。

3. 在汤锅或砂锅中刷上一层香油，倒入泡好的大米，翻炒大约2分钟。

   Tip 大米炒过之后蒸煮，味道会更加可口。

4. 倒入海带汤，搅拌均匀，放入第2步中的食材、1大勺清酒、盐，盖上锅盖大火蒸饭（约需10分钟）。

   Tip 蒸米饭时加点儿清酒，米饭会更有光泽，味道也更好。

5. 饭煮开后，再用文火焖大约15分钟。

6. 米饭蒸好后，搭配调味酱油一起食用。

2

3

4

注意事项

调味酱油中的韭菜，在其他季节可以换成小葱或大蒜。

肉质柔嫩的小鸡遇上香气扑鼻的豆子，

什锦豆子炖鸡汤

分量：1人份

制作时间：60分钟

难度：中级

"人参鸡汤是在鸡肚子里塞入人参熬制而成的，如果不在鸡肚子塞入山参、海参，而是填满各种豆子，这样煮出来的就是香喷喷的药膳什锦豆子炖鸡汤。"

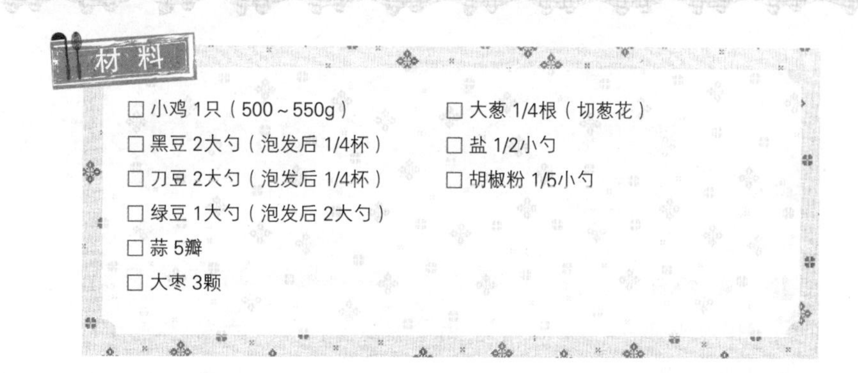
材料

- □ 小鸡 1只（500～550g）
- □ 黑豆 2大勺（泡发后 1/4杯）
- □ 刀豆 2大勺（泡发后 1/4杯）
- □ 绿豆 1大勺（泡发后 2大勺）
- □ 蒜 5瓣
- □ 大枣 3颗
- □ 大葱 1/4根（切葱花）
- □ 盐 1/2小勺
- □ 胡椒粉 1/5小勺

制作指南

1. 把小鸡内部清洗干净。
2. 把黑豆、刀豆、绿豆放入凉水浸泡大约3小时。

   Tip 各种豆子要单独浸泡才不会失去其本身的味道。
3. 把泡好的豆子、蒜、大枣塞入鸡肚子里，把鸡腿扭成X形。
4. 把塞好食材的鸡放入汤锅，加水没过鸡肉，煮40分钟。
5. 鸡肉煮熟膨胀，肉眼可以看到鸡脚脖处的骨头露出，放入切好的葱花、盐、胡椒粉进行调味。

注意事项

与放入鲜人参、干人参的参鸡汤不同，鸡肚子里塞满豆子可以获取优质蛋白质，味道也更为醇香，不喜欢人参浓重味道的孩子也可以吃得津津有味。

黑黝黝！亮晶晶！小巧玲珑的烧黑豆

分量：2人份

制作时间：30分钟

难度：中级

“看到人们可以用纤细的不锈钢筷子轻而易举地夹起小小的豆子，西方人禁不住连声感叹。今天晚上就把这道菜端上饭桌，发挥一下使用筷子的优美特技吧。”

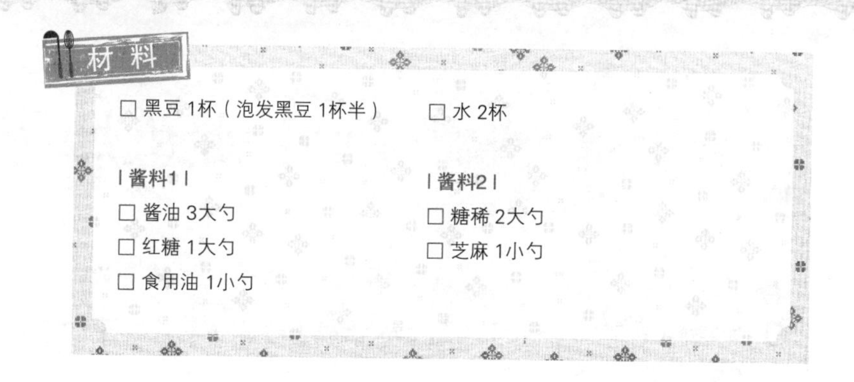

材料

□ 黑豆 1杯（泡发黑豆 1杯半）

□ 水 2杯

| 酱料1 |

□ 酱油 3大勺

□ 红糖 1大勺

□ 食用油 1小勺

| 酱料2 |

□ 糖稀 2大勺

□ 芝麻 1小勺

制作指南

1. 黑豆洗净后在凉水中浸泡3小时左右。

Tip 黑豆用凉水浸泡后烹饪，豆子口感不硬，又十分劲道。

2. 把泡好后的黑豆、酱料1放入底厚的汤锅里，用中火煮 20分钟。

Tip 用底儿厚的汤锅煮才不易烧煳。

Tip 酱料中加点儿食用油，菜肴做出来才更有光泽。

3. 等到黑豆煮熟，酱料几乎烧干时，放入酱料2，开大火，把汤熬干。

Tip 最后放糖稀，豆子才不会发硬。

钙质丰富，骨骼坚固！小鳀鱼炒花生

分量：2人份

制作时间：20分钟

难度：初级

“就连不喜欢吃鱼的小孩也很喜欢吃小鳀鱼。用一道可以带骨吃掉的小鳀鱼佳肴让孩子们快乐长高吧。”

材料

- ☐ 小鳀鱼 $1\frac{1}{2}$杯
- ☐ 去皮花生 $1\frac{1}{2}$杯
- ☐ 蒜 2瓣（切片）
- ☐ 青辣椒 1/2个
- ☐ 红辣椒 1/2个
- ☐ 食用油 3大勺

| 调味酱1 |

- ☐ 酱油 1小勺
- ☐ 白糖 1大勺
- ☐ 料酒 1大勺

| 调味酱2 |

- ☐ 糖稀 2大勺
- ☐ 香油 1/2小勺
- ☐ 熟芝麻 1小勺

制作指南

1. 把小鳀鱼、去皮的花生倒入干锅中用小火翻炒2分钟。

   Tip 鳀鱼经过翻炒可以去除腥味，花生翻炒后味道更香。

2. 用刀把辣椒竖着切成两半，去籽后横着切成细丝。

3. 锅加热，然后刷上3大勺食用油，倒入蒜片炒香，接着放入鳀鱼、花生进行翻炒。

4. 放入调味酱1继续翻炒。

   Tip 鳀鱼本身就咸，只需放一点酱油。

5. 放入青红辣椒、调味酱2翻炒出锅。

3

4

5

让肌肤重现光滑的炖花生

分量：2人份

制作时间：30分钟

难度：中级

“花生可以令肌肤焕发光泽，有助于头脑发育。如果大家每次都是炒花生吃，那这次试试做盘炖花生吧。”

材料

- □ 生花生 1杯
- □ 醋 2小勺
- □ 糖稀 1大勺
- □ 食用油 1小勺
- □ 芝麻 1小勺

| 调料酱 |

- □ 八角 2个
- □ 生姜 3g（切片）
- □ 酱油 1½大勺
- □ 料酒 1½大勺
- □ 白糖 1大勺
- □ 水 2杯
- □ 干辣椒 1/2个（切成窄圈）

制作指南

1. 把水烧开，加入醋、生花生用大火煮5分钟。

   Tip 用醋水煮可以去除花生的涩味，还可以让花生不脱皮。

2. 在汤锅或煎锅里放入调料酱、煮好的花生煮开，然后用中火熬20分钟。

3. 等调料酱变稠，放入糖稀、食用油，大火收汁，上色。撒上芝麻即可。

1

2

3

注意事项

八角是一种中国菜肴里常用的香料，样子像有着八角，可以去除肉鱼的腥味。炖花生时加入八角可以去除花生的生涩味。

诱人零食——油炸豆玉米球

分量：2人份

制作时间：20分钟

难度：中级

“这是一款用各种豆子做出的营养零食，花花绿绿很像巧克力球，以后闲了就吃豆玉米球吧。”

材料

- □ 什锦豆子 1/2杯（泡发后3/4杯）
- □ 玉米罐头 1/2杯
- □ 黑芝麻 1小勺
- □ 面粉 5大勺
- □ 盐 1小勺
- □ 鸡蛋黄 1个
- □ 水 3大勺
- □ 食用油 2杯

制作指南

1. 什锦豆子浸泡3小时捞出，倒入沸水里用中火煮15分钟，然后用凉水冲洗干净。

   Tip 煮豆子的时候不能盖锅盖，以免溢锅。要提前把泡好的豆子煮好才不会夹生。

2. 在碗里放入煮好的豆子、玉米罐头、黑芝麻、面粉、盐、鸡蛋黄、水搅拌至黏稠。

   Tip 面粉不要放得太多，让各种材料相互粘连在一起即可，这样才能保证各种豆子颜色鲜明。

3. 在汤锅中加入少许食用油涂匀，加热至180℃，每次舀2/3大勺第2步中搅拌好的材料放入锅中炸至金黄即可。

   Tip 使用两个小勺很容易弄成球形。

奶油酱里的豌豆，
豌豆奶油酱炒年糕

分量：2人份

制作时间：25分钟

难度：中级

“这道菜不禁让人想起用香浓的牛腿骨汤煮的年糕汤。但加入了豆类，可以补充蛋白质。周末让我们尽情享用融合了豌豆、年糕、奶油酱汁的美味吧。”

材料

- ☐ 年糕条 300g
- ☐ 蒜 2瓣
- ☐ 洋葱 1/4个
- ☐ 土豆 1/4个
- ☐ 泡发香菇 2个
- ☐ 豌豆 2大勺
- ☐ 盐 1/2小勺
- ☐ 橄榄油 1大勺
- ☐ 蚝油 1大勺

| 奶油酱 |
- ☐ 鲜奶油 1杯
- ☐ 牛奶 1/2杯

制作指南

1. 在沸水中倒入年糕条、盐、橄榄油，焯30秒钟。
2. 把焯好的年糕捞出用凉水冲一遍。豌豆煮熟。
3. 蒜切片，洋葱切丝。土豆切成2cm×2cm大小的薄片，泡好的香菇切成2cm×2cm的小块。
4. 在锅中滴些橄榄油，倒入蒜炒香，然后倒入洋葱、土豆、泡发香菇翻炒。
5. 在第4步中倒入奶油酱煮沸，然后倒入冲洗好的年糕、煮熟的豌豆，用中火煮1分钟。
6. 等奶油酱变稠即可装盘。

1

4

5

注意事项

没有鲜奶油时，可以将芝士片溶解在等量的牛奶中（例如：1杯鲜奶油=1杯牛奶+1片芝士片）。尽管两者风味不尽相同，但芝士也会有类似鲜奶油的香味和浓度，可以用来代替鲜奶油。

浓汤也要冷着喝，豌豆冷汤

分量：2人份

制作时间：15分钟

难度：初级

“豌豆淡淡的香气，浓汤柔滑的口感，冰冰爽爽，如同在吃一碗沁人心脾的霜酪。”

材料

- ☐ 豌豆 2/3杯（泡发后1杯）
- ☐ 盐 $1\frac{1}{2}$小勺（放入煮豌豆的水中）
- ☐ 盐 1/2小勺（调味）
- ☐ 白糖 1大勺
- ☐ 牛奶 1杯
- ☐ 鲜奶油 1/2杯
- ☐ 法式长棍面包片 2片
- ☐ 荷兰芹粉 1/3小勺

制作指南

1. 豌豆浸泡3小时捞出倒入沸水中，加盐，用中火煮15分钟，然后倒入冰水中放凉。

   Tip 制作冷浓汤要求豌豆冰凉。豌豆煮好后浸泡在凉水中，这样处理不仅会使豌豆变凉，还会让豌豆的颜色变鲜亮。

2. 在搅拌机里加入1/2小勺盐、1大勺白糖、1杯牛奶和冷豌豆一起打碎。
3. 把粉碎好的材料用漏勺过滤一遍，然后倒入鲜奶油搅拌均匀。
4. 把冷豌豆浓汤盛入碗内，上面装饰上煮好的豌豆、鲜奶油。
5. 把法式长棍面包片放入煎锅里烤香，撒上荷兰芹粉，搭配浓汤一起食用。

1

3

黑白简搭，黑豆白米蒸糕

- 分量：2人份
- 制作时间：40分钟
- 难度：中级

“在雪白的粳米上镶嵌上一些黑豆便做成了这款简单明了的蒸糕。在家中试着做一下松软的传统蒸糕吧。”

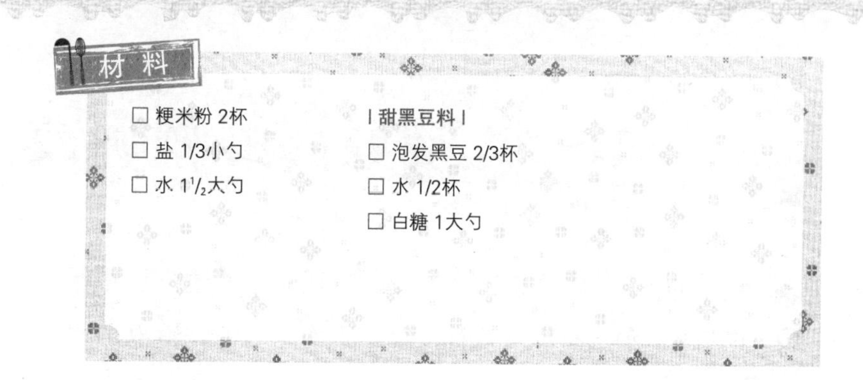

材料

- ☐ 粳米粉 2杯
- ☐ 盐 1/3小勺
- ☐ 水 $1\frac{1}{2}$大勺

| 甜黑豆料 |

- ☐ 泡发黑豆 2/3杯
- ☐ 水 1/2杯
- ☐ 白糖 1大勺

制作指南

1. 在粳米粉中加入盐和水，用滤勺筛3遍。

   Tip 粳米粉用滤勺筛过几遍后，中间会产生空气层，做出的年糕十分松软。

2. 黑豆用水浸泡8小时后捞出沥干，加入水和白糖，用中火煮15分钟。

   Tip 豆子提前煮熟后在蒸年糕的时候才不会夹生。

3. 把3～4个煮好的豆子切成两半用来装饰，其余的豆子和粳米粉搅拌均匀。

4. 在蒸屉上放上加入豆子的米粉，上面摆上装饰用的豆子。

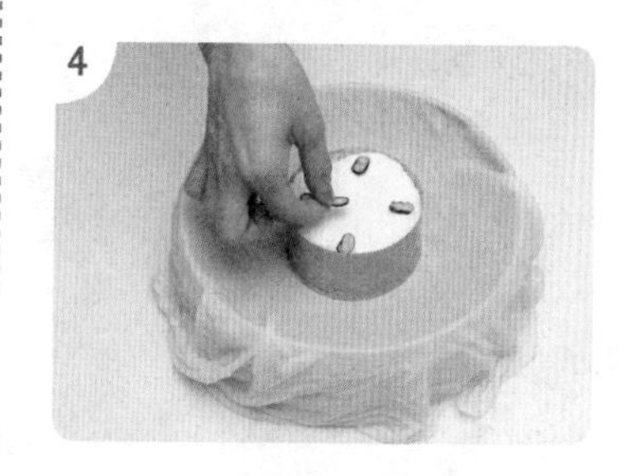

5. 在热蒸屉上蒸20分钟，关火，放在蒸屉里闷上5分钟即可。

一口一个，豌豆海鲜咖喱饺

分量：2人份

制作时间：20分钟

难度：初级

“大家都喜欢吃饺子吧？饺子里包的馅料不同，味道也多种多样。下面给大家介绍的这种饺子里包了豌豆和海鲜，更有嚼劲儿，也更加美味。”

材料

- ☐ 饺子皮 8张
- ☐ 鱿鱼 50g
- ☐ 贻贝干 40g（凉水泡发）
- ☐ 泡发香菇 2个
- ☐ 粉条 40g（凉水泡发）
- ☐ 苏子叶 3片
- ☐ 豌豆 2大勺
- ☐ 食用油 2大勺
- ☐ 白糖 1小勺
- ☐ 香油 1小勺

| 馅料调料 |

- ☐ 咖喱粉 1大勺
- ☐ 酱油 1小勺

制作指南

1. 把鱿鱼、泡发的贻贝、泡发香菇、苏子叶切碎备用。

2. 豌豆倒入沸水中焯一下捞出备用，泡好的粉条倒入沸水中煮8分钟捞出切碎。然后把鱿鱼、贻贝、香菇、苏子叶、粉条、豌豆、馅料调料搅拌均匀。

   Tip 在调料里加入咖喱粉可以去除海鲜的腥味，还可以防止馅料出水太多。

3. 在饺子皮内放入调好的馅料，用一点儿水把饺子皮边缘弄湿，捏实饺子。

4. 在煎锅里倒一点食用油，放入饺子煎1分钟。

5. 在第4步中倒入3大勺水，盖上锅盖，用中火煮3分钟即可。

   Tip 加水后盖上锅盖就成了一个蒸锅，不必用大火。

2

4

5

食用简便的鸡蛋&豆子酥脆比萨

- 分量：2人份
- 制作时间：15分钟
- 难度：初级

"仅从名字上看就知道这是一款健康比萨，既可以减少大量的胆固醇，还可以让人有持续长时间的饱腹感。"

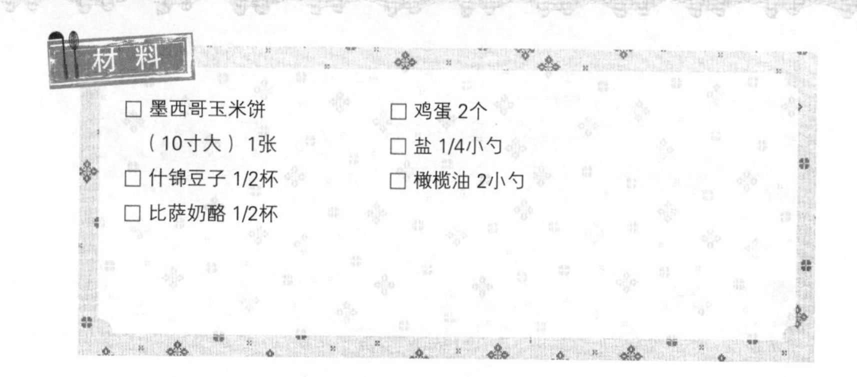

材料

- □ 墨西哥玉米饼（10寸大）1张
- □ 什锦豆子 1/2杯
- □ 比萨奶酪 1/2杯
- □ 鸡蛋 2个
- □ 盐 1/4小勺
- □ 橄榄油 2小勺

制作指南

1. 所有的豆子用水浸泡3小时后，倒入沸水中煮15分钟。
2. 在煎锅里倒少许橄榄油，倒入煮好的豆子翻炒2分钟。
3. 把墨西哥玉米饼放入煎锅里用小火煎1分钟，煎至两面酥脆。
4. 在煎锅里滴少许橄榄油，鸡蛋上撒上盐后煎至半熟。
5. 把炒好的豆子倒在墨西哥玉米饼上，撒上比萨奶酪后放上煎鸡蛋就完成了。

Tip 煎鸡蛋的余热会融化比萨奶酪，使两者黏在一起。

2

5

一碗解疲劳，红豆面条

分量：2人份

制作时间：1小时

难度：中级

“红豆粥是一个时令食品，自古以来韩国人都会在正月十五的前一天喝碗红豆粥，用于驱除恶鬼。我们别出心裁地在红豆粥里下点儿面条，可以充当一顿正餐。”

材料

□ 红豆 1杯（120g）
□ 水 15杯
□ 牛面条 250g
□ 糯米粉 2大勺
□ 盐 1/2大勺

制作指南

1. 红豆洗净后用滤勺沥干水分倒入汤锅，加入充足的水（3杯左右）煮开（5分钟左右）。把水倒掉，再重新加水（12杯），用中火把红豆煮烂煮软（约40分钟），用滤勺沥出红豆，保留豆汤。

2. 把煮好的红豆和1¹/₂杯红豆汤放入搅拌机充分研磨。

3. 把第2步中研磨好的红豆汤用滤勺筛一遍，滤去红豆淀粉，丢掉留在滤勺上的豆皮。

Tip 一定要用滤勺筛去豆皮，口感才会软滑。

4. 把面条放入沸水中煮大约2分钟后捞出。

5. 糯米粉用1杯第1步中保留的红豆汤化开后搅拌均匀，和第3步中的红豆泥一起倒入汤锅中煮沸，中途用勺子搅拌几次以防煳锅。

Tip 糯米粉用水化开后煮才能搅拌均匀，不会凝成疙瘩。

6. 等第5步煮开后，放入煮好的刀切面，加一点儿盐调味，再煮上1～2分钟让面条完全煮熟。

注意事项

煮豆子的方法

一般豆子在水里浸泡5～10小时，体积会增加1倍。不过红豆皮厚，与其他豆类不同，吸水性差，泡在水中也不会泡发。红豆浸泡在水中会发芽，造成营养流失，因此红豆不必浸泡，直接用冷水煮即可。

脆爽的绿豆芽蔬菜春卷

分量：2人份

制作时间：35分钟

难度：中级

“卷入绿豆芽和各种蔬菜的油炸春卷，是一款美味酥脆的混合美食。咬上一口，无人不对春卷的酥脆和绿豆芽的脆爽‘一口倾心’”。

材料

☐ 春卷皮 8张
☐ 泡发香菇 2个
☐ 洋葱 1/4个（50g）
☐ 胡萝卜 1/8个（20g）
☐ 绿豆芽 70g
☐ 鸡肉 50g
☐ 韭菜 20g
☐ 盐 1/3小勺
☐ 胡椒粉 少许
☐ 甜辣椒酱 2大勺
☐ 食用油 1大勺（炒菜用）
☐ 食用油 1杯（油炸用）

| 馅料调料 |
☐ 蒜泥 1小勺
☐ 白糖 1/4小勺
☐ 胡椒粉 1/3小勺
☐ 香油 1小勺
☐ 蚝油 1大勺

☐ 面糊（面粉 2大勺，水 3大勺）

| 鸡肉调料 |
☐ 清酒 1小勺
☐ 盐 1/4小勺
☐ 胡椒粉 1/5小勺

制作指南

1. 把蔬菜（洋葱、胡萝卜、韭菜）和泡发香菇切成2cm长的细丝。
2. 鸡肉剁碎之后加入鸡肉调料拌匀。
3. 绿豆芽用沸水焯1分钟，挤干水分后切成2cm的大小，加入盐、胡椒粉进行调味。
4. 在煎锅里涂上少许食用油，倒入腌好的鸡肉进行翻炒，然后放入蔬菜、馅料调料继续翻炒。
5. 展开春卷皮，放上炒好的食材，在春卷皮边缘处涂上面糊，折起两头，卷实。
6. 把春卷放入油温160℃的热油中炸至酥脆。
7. 切成小条，配合甜辣椒酱一起食用。

1

5

5

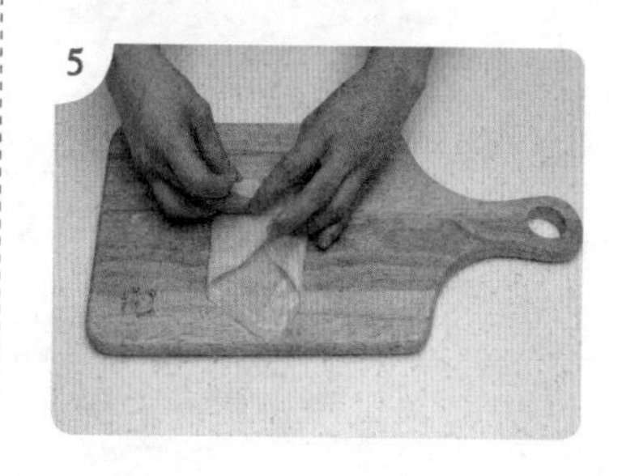

香喷喷的脆爽醋拌绿豆芽

分量：2~3人份

制作时间：20分钟

难度：初级

"脆爽的绿豆芽和香气扑鼻的水芹菜让人食欲大增。清淡的绿豆芽中放入牛肉，味道鲜美，口感不错。"

材料

☐ 绿豆芽 150g
☐ 水芹菜 40g
☐ 牛肉 50g
☐ 盐 1/3小勺（焯蔬菜、牛肉用）
☐ 红辣椒 1/3个（切成薄圈）

| 牛肉调料 |
☐ 蒜泥 1/2小勺
☐ 酱油 1/2小勺
☐ 白糖 1/3小勺
☐ 香油 1/2小勺
☐ 芝麻盐 1小撮
☐ 胡椒粉 1小撮

| 凉拌调料 |
☐ 大豆料理精华液 1小勺
☐ 醋 1/2小勺
☐ 盐 1/2小勺
☐ 香油 1/2小勺
☐ 白糖 1/3小勺

制作指南

1. 绿豆芽去头去尾，在沸水中焯1分钟捞出，用凉水冲一遍。

2. 水芹菜切成4cm长的段，在盐水中焯5秒钟后用凉水冲一遍。

Tip 水芹菜在盐水中稍微焯一下，颜色才会显得更加鲜绿。

3. 牛肉切成5cm长的细丝，放入牛肉调料拌匀后倒入煎锅里翻炒。

4. 在碗里放入绿豆芽、水芹菜、牛肉，加入凉拌调料拌匀。

Tip 凉拌调料最好在吃前加，提前拌好后水芹菜会变黄，醋的香气也会散失不少。凉拌时要轻轻搅拌，以免破坏蔬菜的完整性。

5. 把第4步中的材料装盘，在上面点缀上红辣椒。

1

3

4

注意事项

在绿豆芽、水芹菜中加入绿豆凉粉做成的凉拌菜也很有特色，这样做出的菜叫作荡平菜。

五味五感的绿豆芽拌乌冬面

分量：2人份

制作时间：20分钟

难度：初级

“辣、酸、甜、脆爽、劲道！饱满劲道的面条，脆爽的绿豆芽和新鲜蔬菜，满嘴的红酱汁，现在就试着做出一碗美味的面条吧。”

材料

☐ 冷冻乌冬面 400g
☐ 绿豆芽 100g
☐ 黄瓜 1/4个
☐ 胡萝卜 40g
☐ 卷心菜 80g
☐ 蔬菜芽 5g
☐ 芝麻 1小勺

| 拌料 |
☐ 辣椒酱 3大勺
☐ 醋 3大勺
☐ 辣椒粉 1小勺
☐ 白糖 1大勺
☐ 糖稀 1大勺
☐ 蒜泥 2小勺
☐ 番茄酱 1大勺
☐ 香油 2小勺
☐ 芝麻 1大勺

制作指南

1. 冷冻乌冬面放入沸水中焯熟，然后用凉水冲一遍。

Tip 乌冬面焯熟后用凉水冷却，面条会更加劲道。

2. 绿豆芽去尾，在沸水中煮3分钟。

3. 黄瓜、胡萝卜、卷心菜切丝。

Tip 蔬菜尽可能切细，这样吃起来才不会觉得太硬。

4. 把拌料按照比例调好。

5. 把乌冬面和拌料搅拌均匀。

6. 把拌乌冬面盛入碗中，上面放上准备好的蔬菜芽，最后装饰上蔬菜芽和芝麻就完成了。

1

3

5

辣爽美味的绿豆芽炒猪肉

分量：2～3人份

制作时间：25分钟

难度：中级

“有一道绿豆芽炒酱油猪肉的日本菜，我们把这道日本菜改成了香辣口味。搭配上微微翻炒过、十分脆爽的绿豆芽，口感应该很不错吧？”

材料

- □ 绿豆芽 200g
- □ 猪肉 200g
- □ 韭菜 20g
- □ 洋葱 30g
- □ 食用油 3大勺
- □ 盐 1/4小勺

| 调料酱 |

- □ 蒜泥 1大勺
- □ 生姜 3g（切末）
- □ 清酒 2大勺
- □ 芝麻盐 1小勺
- □ 胡椒粉 少许
- □ 辣椒酱 1大勺
- □ 辣椒粉 1小勺
- □ 糖稀 1小勺
- □ 白糖 1小勺
- □ 蚝油 1小勺
- □ 香油 1小勺
- □ 黑芝麻 少许

制作指南

1. 猪肉切成一口大小，洋葱切成厚0.3cm的细丝，韭菜切成5cm长的段。

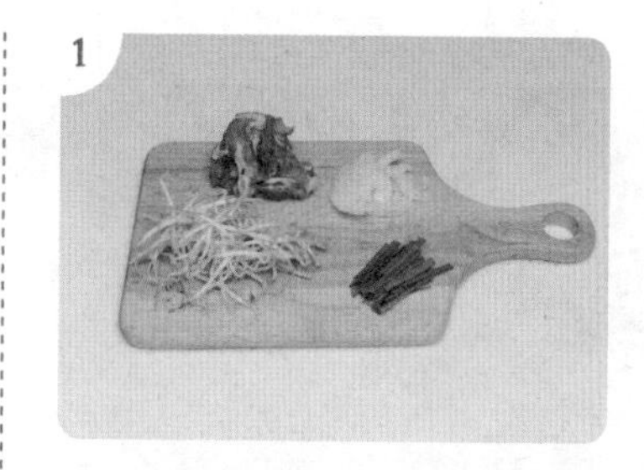

2. 把切好的猪肉加入调料酱腌制10分钟左右。

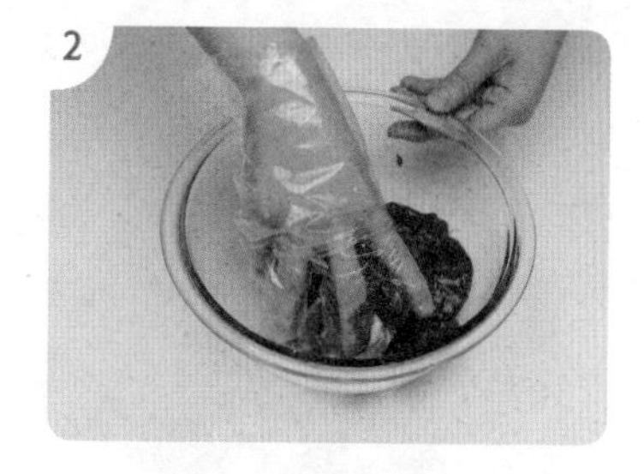

3. 煎锅加热后加入少许食用油涂匀，倒入洋葱用大火翻炒10秒钟，然后放入绿豆芽翻炒20秒钟，放盐调味，关火。倒入韭菜，用余温继续翻炒。

   Tip 一般来讲，蔬菜要用大火快速翻炒，这样蔬菜才能出水少，口感好。

4. 煎锅加热后加入少许食用油涂匀，倒入猪肉，用中火翻炒。
5. 把炒好的猪肉盛入盘子中间，盘子周边放上炒好的绿豆芽等蔬菜。
6. 在炒好的肉上撒些黑芝麻作为点缀即可。

美味土豆饼——黄豆芽土豆饼

分量：2人份

制作时间：15分钟

难度：初级

“黄豆芽土豆饼由土豆丝和黄豆芽搅拌煎制而成，融合了比萨、煎饼、薯片的美味。”

材料

- ☐ 黄豆芽 80g
- ☐ 大小适中的土豆 1个（约150g）
- ☐ 盐 1/2小勺
- ☐ 胡椒粉 1/5小勺
- ☐ 低筋面粉 4大勺
- ☐ 鸡蛋 1个
- ☐ 芝士片 2片（切成0.3cm粗）
- ☐ 小葱 1根（切小段）
- ☐ 食用油 1大勺

制作指南

1. 土豆切丝备用。
2. 黄豆芽洗净后倒入沸水中焯1分钟。
3. 在碗里放入土豆丝、黄豆芽、盐、胡椒粉、低筋面粉、鸡蛋搅拌均匀。

   Tip 搅拌至各种食材黏在一起即可。

4. 在煎锅里加入少许食用油涂匀加热，等锅热后把拌好的食材摊成薄饼。
5. 用中火煎至面饼底面完全熟透后翻面，放上芝士片，用中火再煎2分钟。
6. 装盘，撒上小葱花点缀。

3

4

5

注意事项

土豆饼是瑞士人喜欢吃的一种零食，意为“烧烤食物”，类似韩国的土豆煎饼。里面加的材料不同，其味道、香气、风味也不尽相同。

解酒佳肴——辣白菜黄豆芽汤

分量：2人份

制作时间：25分钟

难度：中级

“没有比黄豆芽汤更好的解酒良方了吧？在清淡的黄豆芽汤里放些辣白菜，就可以熬制出一碗爽口的辣汤。”

材料

- ☐ 黄豆芽 150g
- ☐ 炖菜用豆腐 1/6块（50g）
- ☐ 泡菜 100g
- ☐ 尖辣椒 1个
- ☐ 红辣椒 1/2个
- ☐ 10cm大葱 1段
- ☐ 海带汤 $2\frac{1}{2}$杯
- ☐ 紫苏油 1/3小勺

| 调料 |

- ☐ 蒜泥 1小勺
- ☐ 金枪鱼液 1大勺
- ☐ 盐 1/4小勺
- ☐ 辣椒粉 1大勺

制作指南

1. 把大葱、尖辣椒、红辣椒斜着切成0.5cm宽的圈，豆腐切成边长为1cm的方块，泡菜切成长1cm的小段。

2. 在汤锅里抹匀紫苏油，倒入泡菜进行翻炒，然后倒入海带汤煮沸。

   Tip 用紫苏油炒辣白菜可以减少泡菜的酸味，增加泡菜的香味。

3. 等锅开了之后，放入黄豆芽、豆腐、调料再煮5分钟。

   Tip 黄豆芽有一股豆腥气，第一次煮的时候最好盖上锅盖。

4. 快煮好的时候放入切好的大葱、尖辣椒、红辣椒即可。

泡菜饼的华丽变身——黄豆芽泡菜饼

分量：2~3人份

制作时间：25分钟

难度：中级

“阴雨天里总会令人想起米酒、泡菜饼，那品尝一下口感脆爽的泡菜饼吧！用有助于醒酒的黄豆芽做成的泡菜饼，比一般的泡菜饼更加有益身体健康。”

材料

☐ 黄豆芽 100g
☐ 水 2杯
☐ 盐 1/3小勺
☐ 泡菜 100g
☐ 韭菜 20g
☐ 食用油 3大勺

| 面糊 |
☐ 韩式煎饼粉 1/2杯
☐ 水 1/4杯
☐ 金枪鱼液 1大勺

制作指南

1. 在2杯沸水中加入1/3小勺盐，黄豆芽去尾倒入锅中，盖上锅盖，焯1分钟。

   Tip 黄豆芽焯过之后和其他食材拌在一起，可以去除其特有的豆腥气。

1

2. 焯过的黄豆芽切成2cm长，韭菜切成2cm长的段，泡菜挤干水分后切成1cm长的小段。

   Tip 煎饼的直径是6cm，所以食材不能切得太长。

3. 在碗里倒入制作面糊的材料，搅拌均匀，然后放入黄豆芽、韭菜、泡菜拌匀。

   Tip 黄豆芽和泡菜会渗出少许水分，注意面糊不要太稀。如果没有金枪鱼液，也可以用韩式纯黄豆酱油或鱼露代替。

3

4. 在热煎锅里多倒入一些食用油，用小勺舀出一勺面糊摊成直径6cm的饼，用中火煎1分钟。煎至底面酥脆后翻面，再煎1分钟，煎至金黄即可出锅。

   Tip 在煎锅里煎饼时，等煎饼上面的面糊颜色变成透明，底面熟透之后，再翻面煎一下，这样最为好吃。

4

爽口的黄豆芽油豆腐辣鱿鱼汤

- 分量：2人份
- 制作时间：20分钟
- 难度：中级

"由富含牛磺酸的鱿鱼和富含抗坏血酸的黄豆芽搭配而成的热汤，味道鲜美，还有解酒的功效。"

材料

- ☐ 鱿鱼 1只（250g）
- ☐ 白萝卜 80g
- ☐ 海带汤 400g
- ☐ 辣椒酱 1½大勺
- ☐ 辣椒粉 1大勺
- ☐ 黄豆芽 100g
- ☐ 油豆腐 2张
- ☐ 大葱 1根
- ☐ 蒜泥 1大勺
- ☐ 金枪鱼液 2大勺
- ☐ 胡椒粉 1/5小勺

制作指南

1. 鱿鱼去皮，在里侧用刀划出X字花刀，然后切成1.5cm × 4cm大小的小块。白萝卜切成1cm × 4cm的细丝，黄豆芽择干净。

   Tip 鱿鱼去皮时，先去掉水分，再用洗碗巾去皮，这样做皮不容易断，很容易去掉。

   Tip 鱿鱼切花刀后口感会更加劲道，调料也可以渗入刀口，样子也更加好看。

2. 把海带汤倒入汤锅中煮沸，然后放入辣椒酱、辣椒粉、白萝卜用中火再煮3分钟。

3. 放入黄豆芽、油豆腐、鱿鱼煮沸，再用中火煮3分钟。

   Tip 黄豆芽、鱿鱼如果煮得太久会变硬，煮的时间最好不要超过3分钟。

4. 加入大葱、蒜泥、金枪鱼液、胡椒粉调味，关火即成。

1
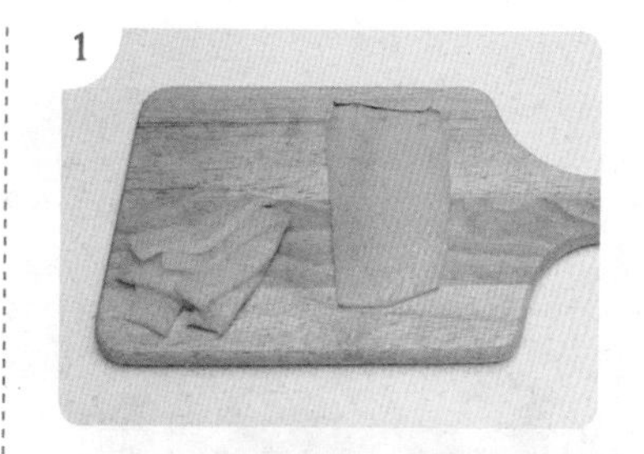

2

3

口感浓烈的黄豆芽拌海蜇

分量：2人份

制作时间：30分钟

难度：中级

"劲道的海蜇搭配上脆爽的黄豆芽，口感酸酸甜甜，还有强烈的辣味，一下子便勾起了人的食欲。即使用来招待客人，也是一道毫不逊色的前菜。"

材料

☐ 腌制海蜇 150g
☐ 黄豆芽 100g
☐ 醋腌海藻 30g
☐ 黄瓜 1/4个
☐ 甜菜 10g
☐ 盐 1/2小勺

| 酱汁 |
☐ 芥末 1/2大勺
☐ 白糖 2大勺
☐ 醋 3大勺
☐ 酱油 1小勺
☐ 盐 少许
☐ 青辣椒 1/3个（切末）
☐ 红辣椒 1/3个（切末）

制作指南

1. 在汤锅里加入清水、1/2小勺盐煮沸，倒入去头去尾的黄豆芽焯2分钟，然后用凉水冲一遍，沥干水分。

   Tip 黄豆芽用凉水冲一下后沥干，口感更加爽脆。

2. 海蜇用凉水冲洗2～3遍，在80℃的温水中浸泡30分钟，这样重复冲洗、浸泡2～3遍。海蜇泡发好后再用凉水冲一遍，用滤勺沥干水分。

   Tip 腌制海蜇去除盐味后才好吃。注意泡发时水温不能过高，不然海蜇的口感会变硬。

3. 黄瓜切成5cm长的段后去皮切丝，青红辣椒切碎，醋腌海藻用滤勺沥干水分，甜菜也切成细丝，浸泡到凉水中捞出备用。

4. 在酱汁中加入青、红辣椒末拌匀。

5. 在碗里放入海蜇、黄豆芽、黄瓜、酱汁搅拌均匀，然后加入醋腌海藻拌匀。

6. 装盘，最后在上面装饰上甜菜即可。

注意事项

① 芥末可以使用市面上卖的那种芥末酱（调好的芥末）， 还可以购买芥末粉用下面的方法制作发酵芥末，味道更好。
② **芥末发酵方法：**在40℃的温水中按照2：3的比例加入芥末粉，包上保鲜膜，在暖和的地方大约发酵10分钟。还可以把盛有芥末的碗放在热气腾腾的汤锅上，也可以使用微波炉。需要注意的是发酵前如果没有用水调匀，或者没有充分发酵，便不会有芥末特有的刺鼻辣味，而是有股苦味。

最佳解酒汤——黄豆芽明太鱼汤

分量：2～3人份
制作时间：20分钟
难度：初级

“大家都知道黄豆芽有解酒的功效吧？黄豆芽和明太鱼都是低脂肪食品，富含钙质、蛋白质，可以保护肝脏，提高肝功能，解酒，消除疲劳。”

材料

- ☐ 黄豆芽 100g
- ☐ 明太鱼条 50g
- ☐ 红辣椒 1/2个
- ☐ 大葱 7cm
- ☐ 紫苏油 1大勺
- ☐ 海带汤 4杯

| 调料 |

- ☐ 蒜泥 1小勺
- ☐ 韩式纯黄豆酱油 1小勺
- ☐ 盐 1/2小勺
- ☐ 金枪鱼液 1小勺

制作指南

1. 黄豆芽去尾，明太鱼条撕成5cm长的条，用水浸润1分钟后用棉布拭干水分。红辣椒斜切成0.3cm宽的圈，大葱斜切成圈。

2. 用小火加热汤锅，滴入紫苏油，倒入明太鱼条翻炒30秒钟，然后倒入海带汤用大火煮沸，放入黄豆芽、调料，煮 5分钟。

3. 等第2步中的食材煮开后，放入红辣椒、大葱，再煮1分钟即可。

注意事项

挑选黄豆芽时尽可能选择根不长或者没有须根的。黄豆芽在择过之后，营养成分会从断面流出，发生变色，所以尽可能不择而直接保存。豆芽尖在阳光下会发绿，保存时最好用纸袋或不透明的塑料袋包好，放入冰箱冷藏。

舒胃料理的黄豆芽鱿鱼粥

分量：2人份

制作时间：30分钟

难度：中级

“吃过刺激性强的东西后容易拉肚子，这时喝碗味道鲜美、有嚼劲的黄豆芽鱿鱼粥，既可以补充能量，又可以舒缓胃部不适。”

材料

☐ 鱿鱼须 100g（2只鱿鱼）
☐ 黄豆芽 100g
☐ 泡发香菇 1个
☐ 胡萝卜 1/6个
☐ 大米 $1\frac{1}{3}$杯
☐ 水 8杯
☐ 香油 1大勺
☐ 盐 1小勺
☐ 黑芝麻 1/2小勺
☐ 白芝麻 1/2小勺

| 鱿鱼调料 |
☐ 黄豆酱油 1小勺
☐ 香油 2小勺

制作指南

1. 鱿鱼须切碎，用黄豆酱油、香油腌制一下。

2. 黄豆芽去尾，泡发香菇、胡萝卜切碎备用。

3. 大米泡发后用擀面杖捣碎。

4. 把鱿鱼、大米倒入汤锅，用中火翻炒3分钟，然后倒入适量的水煮沸，加入切好的泡发香菇、胡萝卜，用中火煮大约20分钟。

5. 放入黄豆芽煮5分钟。

6. 加入香油、盐调味，把粥盛入碗中，撒上黑芝麻和白芝麻即可。

2

4

5

注意事项

熬粥时不要盖锅盖，盐要在关火前放。不要用铁勺搅拌，用木勺搅拌，粥才会熬得黏稠。

用调料拌着吃的黄豆芽香菇饭

分量：2人份

制作时间：25分钟

难度：初级

“吃腻了普通的大米饭，可以试着在米饭里加点儿黄豆芽，没有下饭菜也能吃得很香。”

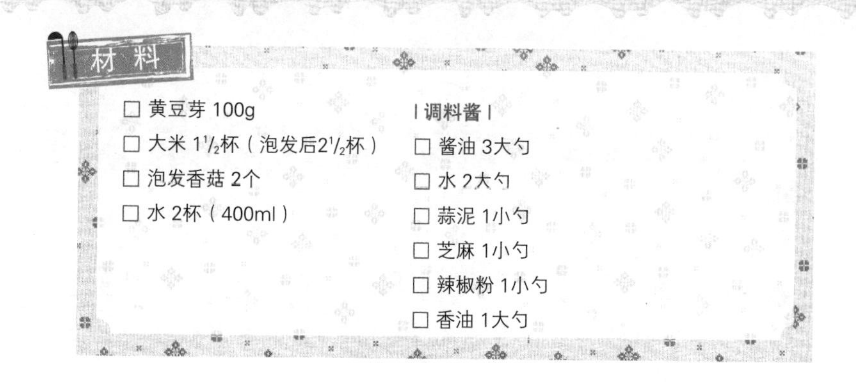

材料

- □ 黄豆芽 100g
- □ 大米 1$\frac{1}{2}$杯（泡发后2$\frac{1}{2}$杯）
- □ 泡发香菇 2个
- □ 水 2杯（400ml）

| 调料酱 |

- □ 酱油 3大勺
- □ 水 2大勺
- □ 蒜泥 1小勺
- □ 芝麻 1小勺
- □ 辣椒粉 1小勺
- □ 香油 1大勺

制作指南

1. 黄豆芽清洗干净后去尾，香菇用水泡软，去梗，切丝。

   Tip 黄豆芽尖经过长时间加热会发硬，所以烹饪时要去掉。

2. 大米淘洗3遍后，用凉水浸泡30分钟。

3. 汤锅里依次倒入泡好的大米、黄豆芽、泡发香菇，然后倒入清水。

   Tip 黄豆芽会出水，因此水要比平时蒸饭时少放一点儿。

4. 盖上锅盖，按照大火（3分钟）→中火（8分钟）→小火（3分钟）的顺序蒸饭。

   Tip 黄豆芽有股豆腥气，所以不要中途打开锅盖。

5. 把饭盛入碗中，搭配调料酱食用。

甜咸交融的照烧黄豆芽紫菜包饭

分量：2人份

制作时间：25分钟

难度：中级

“把用甜咸照烧酱汁煨好的黄豆芽包进紫菜包饭，会是什么味道呢？无需其他小菜，一份照烧黄豆芽紫菜包饭便可以让人饱餐一顿。”

材料

☐ 米饭 300g
☐ 紫菜包饭用紫菜 2张
☐ 鸡蛋 1个
☐ 蔬菜芽 10g
☐ 黄豆芽 150g
☐ 盐 1/2大勺
☐ 食用油 1小勺

| 米饭调料 |
☐ 盐 1/3小勺
☐ 香油 2小勺

| 照烧酱汁 |
☐ 酱油 1大勺
☐ 料酒 1大勺
☐ 白糖 1大勺
☐ 水 2大勺
☐ 洋葱 10g（切末）
☐ 蒜泥 1小勺

制作指南

1. 调好照烧酱汁。

2. 在热米饭里加入盐和香油调味。

3. 在汤锅里放入黄豆芽、照烧酱汁，用中火煮大约8分钟，煮至酱汁完全熬干。

4. 在煎锅里倒入1小勺食用油，鸡蛋打散后倒入锅中，摊成厚饼。等鸡蛋饼凉了之后切成1cm厚、紫菜包饭长的长条。

Tip 鸡蛋冷却之后切才不会散，表面更为光滑。

5. 在紫菜包饭专用竹帘上铺上紫菜，上面铺上一层调好味的米饭，然后放上鸡蛋、照烧黄豆芽、蔬菜芽卷结实。

6. 把紫菜包饭切成一口大小即可。

注意事项

照烧酱汁主要用来烹饪海鲜，也可以用来烹饪鸡肉、猪肉、蔬菜，甜中带咸，味道也很美妙。

圆圆的泡菜卷——黄豆芽苏子叶泡菜

分量：2人份

制作时间：20分钟

难度：初级

"泡菜做起来很难吧？那试着用苏子叶包上用泡菜调料拌好的黄豆芽吧，不仅做起来容易，味道还特别好。"

材料

- ☐ 苏子叶 10张
- ☐ 黄豆芽 100g
- ☐ 洋葱 1/4个
- ☐ 胡萝卜 1/8个

| 苏子叶腌制料 |
- ☐ 水1/2杯
- ☐ 海盐 1/2大勺

| 泡菜调料 |
- ☐ 辣椒粉 1大勺
- ☐ 金枪鱼液 1大勺
- ☐ 酱油 1小勺
- ☐ 蒜泥 1小勺
- ☐ 白糖 2小勺
- ☐ 芝麻 1小勺

制作指南

1. 苏子叶用流水冲洗干净，放入海盐水中浸泡10分钟。

   Tip 苏子叶在盐水中浸泡时间过长会变色，香气也会大打折扣，所以浸泡时间不要超过10分钟。

2. 把海盐水浸泡过的苏子叶用滤勺沥干水分。
3. 黄豆芽倒入沸水中焯1分钟后捞出放凉。
4. 把洋葱、胡萝卜切成3cm左右长的细丝。
5. 在黄豆芽、洋葱、胡萝卜里加入泡菜调料搅拌均匀。
6. 舀1大勺第5步中用泡菜调料拌好的食材放在苏子叶上卷结实即可。

1

5

6

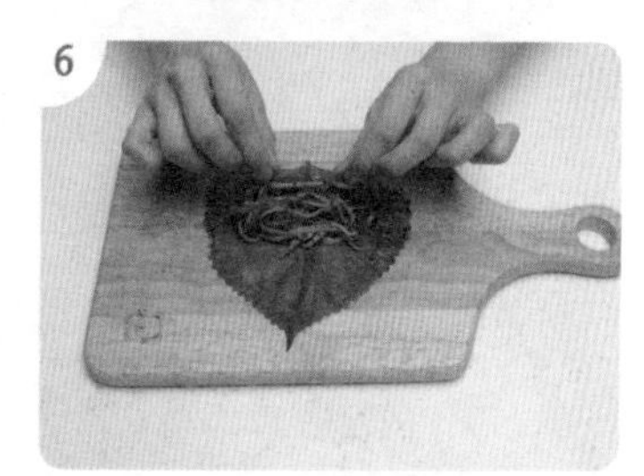

脆爽的凉拌黄豆芽

分量：2人份

制作时间：15分钟

难度：初级

"凉拌黄豆芽是一道最容易做的菜，又是一道最难做出美味的菜。只要学会煮黄豆芽的方法，大家都可以轻轻松松做好这道菜肴。"

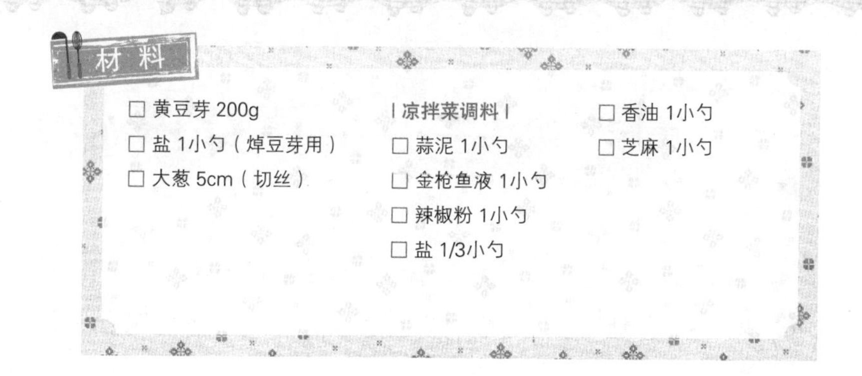

材料

- □ 黄豆芽 200g
- □ 盐 1小勺（焯豆芽用）
- □ 大葱 5cm（切丝）

| 凉拌菜调料 |

- □ 蒜泥 1小勺
- □ 金枪鱼液 1小勺
- □ 辣椒粉 1小勺
- □ 盐 1/3小勺
- □ 香油 1小勺
- □ 芝麻 1小勺

制作指南

1. 黄豆芽择除豆皮，在碗中用水洗净。
2. 在沸水中放入盐、黄豆芽，等水煮开后翻一下豆芽，盖上锅盖再焯1分钟。

   Tip 焯黄豆芽时加点儿盐，水不容易降温。

3. 用滤勺沥干水分后，摊开放凉。

   Tip 用凉水冲洗黄豆芽，可能会有豆腥味，所以摊放在滤勺上，沥干水分，放凉。

4. 凉拌菜调料按照比例调好，加入黄豆芽、大葱丝搅拌均匀即可。

   Tip 黄豆芽会出水，如果第一次搅拌时味道有点儿咸，等上桌吃的时候味道就正好了。

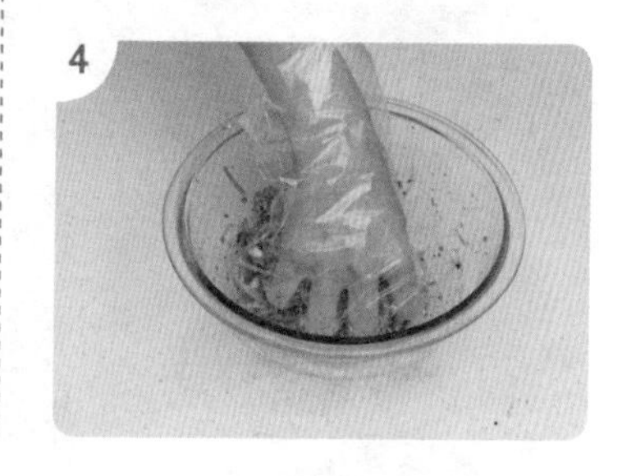

美味下饭菜——黄豆芽蘑菇酱

分量：2人份

制作时间：20分钟

难度：初级

"黄豆芽可以炒着吃，煮着吃，凉拌着吃，不过炖黄豆芽可能大家没怎么做过吧？炖黄豆芽做好后，黄豆芽量会变得很少，多少让人有点失望，但味道很好，大家尝过一次后还会这么炖着吃的。"

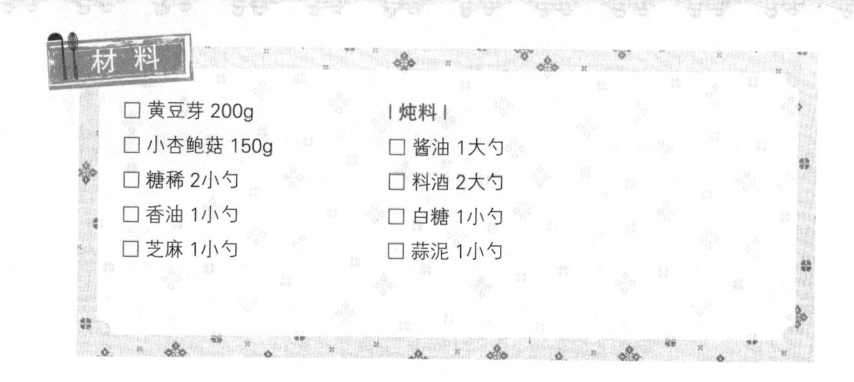

材料

☐ 黄豆芽 200g
☐ 小杏鲍菇 150g
☐ 糖稀 2小勺
☐ 香油 1小勺
☐ 芝麻 1小勺

| 炖料 |
☐ 酱油 1大勺
☐ 料酒 2大勺
☐ 白糖 1小勺
☐ 蒜泥 1小勺

制作指南

1. 黄豆芽洗去豆皮，杏鲍菇竖着切成两半。

2. 在煎锅里加入炖料加热，煮沸后加入黄豆芽、杏鲍菇煨炖。

Tip 黄豆芽要等调料煮沸之后才放，不然黄豆芽会变得很硬。

3. 等炖料只剩下大约1小勺时，加入糖稀、香油、芝麻搅拌均匀即可。

注意事项

黄豆芽炖蘑菇放在冰箱里会出水，拌米饭吃，很下饭，很快就能吃完一碗米饭。

消暑美食——黄豆芽小西红柿冷汤

- 分量：2人份
- 制作时间：20分钟
- 难度：初级

“要不要喝一碗冰爽的冷汤？加入西红柿，营养更为丰富，色彩也更为漂亮，再放点儿含有石榴液的黑醋，更加健康。”

材料

- ☐ 黄豆芽 50g
- ☐ 小西红柿 5个（50g）
- ☐ 黄瓜 5cm（20g）
- ☐ 洋葱 1/8个
- ☐ 青辣椒 1/3个
- ☐ 红辣椒 1/3个
- ☐ 水 1杯
- ☐ 盐 1小撮
- ☐ 盐 1/3小勺（焯小西红柿用）

| 调料 |

- ☐ 盐 1/2小勺
- ☐ 白糖 2大勺
- ☐ 黄豆酱油 1大勺
- ☐ 发酵黑醋（含石榴液）3大勺（也可以用醋代替）
- ☐ 矿泉水 2杯

制作指南

1. 沸水中加盐，倒入黄豆芽焯1分钟。
2. 黄瓜去皮切丝，洋葱切成细丝，小西红柿切成2～4等份，青辣椒、红辣椒也切丝备用。
3. 在矿泉水里加入适量的调料，搅拌均匀。
4. 在碗里放入第2步中的食材，轻轻搅拌均匀后，倒入第3步中搅拌好的调料。然后加上冰块就可以享受劲爽的美味了。

Tip 加入冰块后汤的味道会变淡，如果要加冰食用，要按照平时调料1.5倍的量进行调味。

1

3

4

Part 3

豆腐

煎豆腐沙拉 / 豆腐飞鱼籽寿司 / 豆腐素食拌饭 / 豆腐松鸡蛋炒饭 / 咖喱豆腐 / 麻婆豆腐盖饭 / 日式三角饭团 / 金枪鱼豆腐塔 / 芝麻豆腐饼 / 辣炖豆腐 / 豆腐夹肉三明治 / 甜辣味炸豆腐 / 辣椒大酱拌豆腐 / 豆腐包饭酱 / 辣炒豆腐泡菜 / 豆腐烤肉玉米卷饼 / 日式炸豆腐 / 豆腐泡菜饼 / 豆腐虾仁花饺 / 豆腐膳 / 烤酱油豆腐块 / 豆腐金枪鱼丸 / 豆腐小吃 / 长棍面包三明治 / 豆腐煎蛋饼 / 拔丝豆腐 / 豆腐拌西蓝花 / 虾丸炸豆腐 / 豆腐番茄沙拉 / 豆腐鱼虾酱汤 / 快速豆腐鸡蛋汤

轻松搞定一顿饭，煎豆腐沙拉

分量：2~3人份

制作时间：15分钟

难度：中级

“大家一般都是用西式沙拉酱做沙拉吧？不过有些老人吃不了这种味道，所以我们调配出了可以搭配清淡豆腐的老少咸宜的东方沙拉酱。”

材料

□ 煎豆腐用豆腐 1/2块（150g）
□ 韭菜 30g
□ 小西红柿 4个
□ 黑橄榄 3颗
□ 绿橄榄 3颗
□ 洋葱 1/6个
□ 食用油 2大勺

| 沙拉酱 |
□ 洋葱 10g
□ 蒜泥 1小勺
□ 酱油 2大勺
□ 橄榄油 3大勺
□ 醋 2大勺
□ 白糖 2大勺
□ 柠檬汁 1小勺
□ 芝麻 1/2小勺

制作指南

1. 豆腐切成边长2cm的方块，小西红柿切成2～4等份。黑橄榄、绿橄榄切成0.2cm宽的圆片，韭菜切成3cm长的段， 洋葱切成 0.2cm 宽的细丝。

2. 在煎锅里抹匀食用油，加热后放入豆腐，煎至两面金黄。

Tip 沙拉酱需要在凉拌之前现做，这样味道才不会太清淡。

3. 在切碎的洋葱和蒜泥中分别放入沙拉酱中的其他调料，用打蛋器搅拌均匀就做成了沙拉酱。

4. 在大碗里放入第1步中的蔬菜、第2步中的煎豆腐倒入沙拉酱，轻轻搅拌后装盘即可。

Tip 要轻轻搅拌以免弄碎豆腐和蔬菜。

注意事项

这道菜中的沙拉酱是在法式沙拉酱中加入酱油、芝麻制作而成，多用来烹饪豆腐或制作简单的沙拉。

色香味美的豆腐飞鱼籽寿司

分量：2人份

制作时间：40分钟

难度：中级

“飞鱼籽”在日语中意为“撒”。飞鱼籽寿司是一种把各种食材撒在米饭上搅拌而成的寿司，在米饭上放上松软嫩滑的豆腐松，既好看又好吃。”

材料

- □ 米饭 $1\frac{1}{2}$碗
- □ 煎豆腐用豆腐 1/3块（100g）
- □ 鸡蛋 1个（做鸡蛋饼）
- □ 黄瓜 1/4个
- □ 泡发香菇 1个
- □ 洋葱 1/6个
- □ 白萝卜苗 10g
- □ 飞鱼籽 2大勺
- □ 蔬菜芽 10g
- □ 虾 3只（20g）
- □ 盐 1撮
- □ 白胡椒粉 少许

| 香菇调料 |

- □ 酱油 1/2小勺
- □ 白糖 1/4小勺
- □ 蒜泥 1/4 小勺
- □ 香油 少许

| 甜醋 |

- □ 醋 1/3杯
- □ 白糖 1/4杯
- □ 盐 1大勺

制作指南

1. 豆腐用棉布沥干水分后在碗里捣碎。煎锅加热，放入豆腐边翻炒边捣碎，这时放入少许的盐、白胡椒粉调味，翻炒至豆腐酥软，没有水分。
2. 在汤锅倒入制作甜醋的配料，煮至白糖、盐全部融化后放凉。
3. 黄瓜去皮后切丝，洋葱切丝，泡发香菇切丝。
4. 在黄瓜、洋葱中倒入少许甜醋腌制一会儿。泡发的香菇用香菇调料拌匀后，倒入煎锅翻炒。
5. 鸡蛋摊成鸡蛋饼后晾凉切丝，虾用热水焯过后一切两半。
6. 在热米饭里加入$1\frac{1}{2}$大勺甜醋，用饭勺搅拌均匀。
7. 去掉腌制黄瓜、洋葱的水分，把其他食材准备好。
8. 把步骤6中的米饭盛入器皿中，上面均匀地撒上步骤1中的碎豆腐。
9. 在步骤8上装饰上黄瓜、洋葱、香菇、鸡蛋丝、虾仁、蔬菜芽、飞鱼籽、白萝卜苗即可。

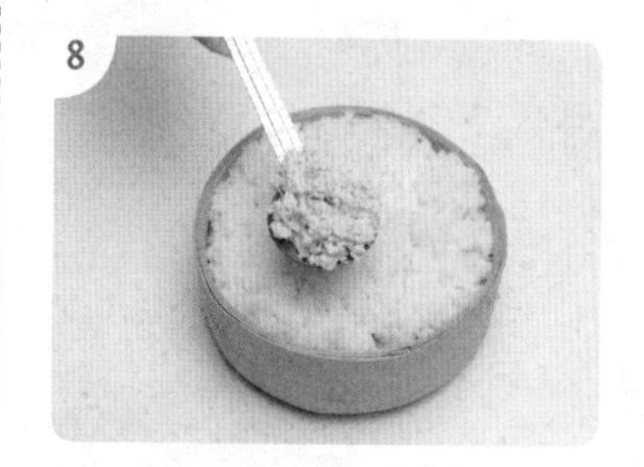

注意事项

豆腐在捣碎之后翻炒可以去除豆腥气，口感也更加劲道、结实，可以代替肉类食用。

健康拌饭——豆腐素食拌饭

分量：1人份

制作时间：25分钟

难度：中级

“拌饭里放入高蛋白的豆腐，再放上满满的蔬菜，低热量、高营养。不吃肉也可以美味、营养两不误。”

材料

- □ 煎豆腐用豆腐 1/3块（150g）
- □ 泡发香菇 2个
- □ 黄豆芽 100g
- □ 黄瓜 1/3个（50g）
- □ 胡萝卜 1/6个（30g）
- □ 鸡蛋 1个
- □ 米饭 1碗（200g）
- □ 盐 1/3小勺
- □ 食用油 1大勺

| 香菇、黄豆芽调料 |

- □ 酱油 1大勺
- □ 白糖 1小勺
- □ 香油 1大勺

| 梅子拌酱 |

- □ 辣椒酱 2大勺
- □ 梅子液 1大勺
- □ 蒜泥 1小勺
- □ 蜂蜜 1大勺
- □ 芝麻盐 1大勺
- □ 香油 1大勺

制作指南

1. 豆腐切成1cm×1cm×1cm大小的色子模样，加盐调味后去除水分。在煎锅里抹匀食用油，把豆腐煎至金黄。

1

2. 泡发香菇切丝，黄豆芽倒入沸水中焯过放凉。把香菇和黄豆芽分别调味。

3. 黄瓜、胡萝卜切丝，加盐腌制10分钟。

   Tip 黄瓜、胡萝卜用盐腌制翻炒之后，不会再出水。

3

4. 鸡蛋分成蛋清、蛋黄，用盐调味。

5. 先在煎锅里煎出黄、白鸡蛋饼后切丝，然后炒黄瓜丝，再炒胡萝卜丝，最后炒香菇丝。

   Tip 炒几种食材时，先炒或煎颜色淡的食材，这样中间可以不用刷锅。

5

6. 在米饭上放上准备好的各种食材，浇上搅拌好的梅子拌酱即可。

注意事项

拌酱里放入梅子液，不仅有杀菌效果，还可以预防食物中毒，促进消化。

豆腐、鸡蛋、米饭三位一体
——豆腐松鸡蛋炒饭

- 分量：2人份
- 制作时间：20分钟
- 难度：中级

“黄灿灿的鸡蛋包裹着饱满的米饭粒和软嫩的豆腐，诱人的香气让人不知不觉便拿起了勺子筷子，这就是美味的豆腐松鸡蛋炒饭。”

材料

- □ 煎豆腐用豆腐 1/3块（100g）
- □ 米饭 300g（$1\frac{1}{2}$碗）
- □ 蒜 2瓣
- □ 大葱 1/2根
- □ 食用油 2大勺
- □ 蛏肉 50g
- □ 鸡蛋 2个
- □ 黑芝麻 1小勺
- □ 小葱 1段（切成葱花）
- □ 荷兰芹末 1/3小勺
- □ 盐 1/2小勺
- □ 胡椒粉 1/5小勺

制作指南

1. 豆腐用棉布沥干水分后用刀背捣碎，倒入煎锅里用中火翻炒2分钟。

   Tip 要翻炒至豆腐完全没有水分，这样炒饭才不会发黏。

2. 蒜切成0.2cm厚的薄片，大葱切成葱花，蛏肉切成4cm长的段后撕成细丝。

3. 在煎锅里加1大勺食用油，放入蒜、大葱翻炒30秒钟，然后放入米饭、蛏肉继续翻炒。

4. 把炒好的食材盛出，在干净的煎锅里放1大勺食用油，加入鸡蛋翻炒，炒至半熟时倒入前面炒好的食材，翻炒1分钟，让各种食材搅拌均匀。

   Tip 在鸡蛋炒至半熟的时候放入其他食材，鸡蛋才能和其他食材黏在一起。

5. 最后撒上黑芝麻、小葱花、荷兰芹末、盐、胡椒粉。

1

3

4

注意事项

先在1碗冷米饭中加1小勺蛋黄酱，放到微波炉里加热30秒钟，这样做出的炒饭米饭粒儿不粘连，光泽饱满，更加香甜。

深陷咖喱的豆腐——咖喱豆腐

分量：2人份

制作时间：25分钟

难度：中级

“辣乎乎的尖辣椒，柔嫩的豆腐，再加上抗癌功效卓越的咖喱！可以解决家里的一顿饭了。”

材料

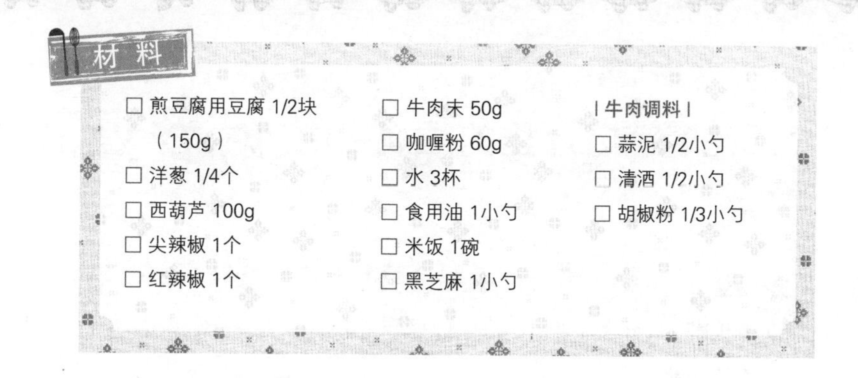

- □ 煎豆腐用豆腐 1/2块（150g）
- □ 洋葱 1/4个
- □ 西葫芦 100g
- □ 尖辣椒 1个
- □ 红辣椒 1个
- □ 牛肉末 50g
- □ 咖喱粉 60g
- □ 水 3杯
- □ 食用油 1小勺
- □ 米饭 1碗
- □ 黑芝麻 1小勺

| 牛肉调料 |

- □ 蒜泥 1/2小勺
- □ 清酒 1/2小勺
- □ 胡椒粉 1/3小勺

制作指南

1. 豆腐切成边长为1.5cm的小方块。
2. 洋葱、西葫芦切成边长为1.5cm的小方块，尖辣椒、红辣椒切成边长0.5cm的小丁备用。
3. 牛肉末用牛肉调料腌制一下。
4. 在煎锅里加入少许食用油涂匀，倒入腌好的牛肉翻炒，然后倒入切好的洋葱、西葫芦翻炒1分钟。
5. 咖喱粉用水调匀后倒入步骤4中搅拌均匀。
6. 将锅用大火煮开后改成中火，倒入豆腐、尖辣椒、红辣椒再煮 1分钟。
7. 把米饭和第6步中煮好的食材盛入盘中，撒上黑芝麻即可。

藏在麻辣酱汁里的豆腐——麻婆豆腐盖饭

分量：2人份

制作时间：20分钟

难度：初级

“有时会特别想吃一些辣乎乎的美味，不如来上一份麻婆豆腐盖饭？在白米饭上浇上让人垂涎的红色酱汁，即是一份周末特别美食。”

材料

☐ 米饭 2碗（400g）
☐ 豆腐 1/2块（150g）
☐ 猪肉末 80g
☐ 蒜泥 1大勺
☐ 大葱 1段（切末）
☐ 辣椒粉 1大勺
☐ 食用油 3大勺
☐ 香油 1小勺
☐ 黑芝麻 1/3小勺

| 焯豆腐水 |
☐ 水 4杯
☐ 盐 1小勺

| 麻婆豆腐酱汁 |
☐ 青辣椒 1/2个（切末）
☐ 红辣椒 1/2个（切末）
☐ 豆瓣酱 2大勺
☐ 白糖 1大勺
☐ 水 2杯

| 勾芡材料 |
☐ 淀粉 2大勺
☐ 水 3大勺

制作指南

1. 豆腐切成边长1cm的方块，沸水中加1小勺盐，倒入豆腐块焯30秒钟。

Tip 豆腐用盐水焯过后，不容易散，也更有滋味。

1

2. 煎锅里加3大勺食用油，倒入蒜泥、葱末、辣椒粉用小火翻炒30秒钟。辣椒粉容易炒焦，要用小火充分翻炒。

Tip 食用油中放入蒜泥、葱末、辣椒粉翻炒后当作辣椒油食用。

2

3. 在步骤2中加入猪肉末翻炒，然后倒入麻婆豆腐酱汁煮2分钟。

4. 在步骤3中倒入焯好的豆腐煮1分钟，勾芡。

4

5. 等汤浓稠之后，滴入香油，浇在米饭上，撒上黑芝麻点缀即可。

注意事项

麻婆豆腐的名字来源有好几种传说。最常见的说法是清朝嫁到陈家的麻子刘氏（人称陈麻婆）创制了这道菜。还有一个传说是麻婆做出加入肉末的豆腐供贫苦的劳动者食用，人气很高，人称麻婆豆腐。

好吃的豆腐大酱饭团——日式三角饭团

分量：2人份

制作时间：15分钟

难度：初级

"米饭又剩下了？加上一些碎豆腐和少许蔬菜，用大酱调味，在煎锅里煎好就是一份诱人的营养零食。"

材料

- ☐ 米饭 $1\frac{1}{2}$碗（300g）
- ☐ 煎豆腐用豆腐 1/3块（100g）
- ☐ 火腿肠 50g（切碎翻炒）
- ☐ 韭菜 20g（切段）
- ☐ 大酱 1大勺
- ☐ 香油 1小勺
- ☐ 芝麻 1小勺
- ☐ 白糖 1小勺
- ☐ 酱油 1小勺
- ☐ 食用油 1小勺
- ☐ 蔬菜芽 5g

| 大酱酱汁 |

- ☐ 大酱 1大勺
- ☐ 蛋黄酱 1大勺
- ☐ 料酒 1大勺
- ☐ 糖稀 1大勺

制作指南

1. 豆腐捣碎后用棉布包住沥干水分，火腿肠切碎翻炒，韭菜切成小段。

   Tip 豆腐里如果有水分，饭团容易散开，捏不成团。

1

2. 碗里放入米饭、豆腐、火腿肠、韭菜、大酱、香油、芝麻、白糖、酱油搅拌均匀。

3. 把搅拌好的米饭做成三角形。

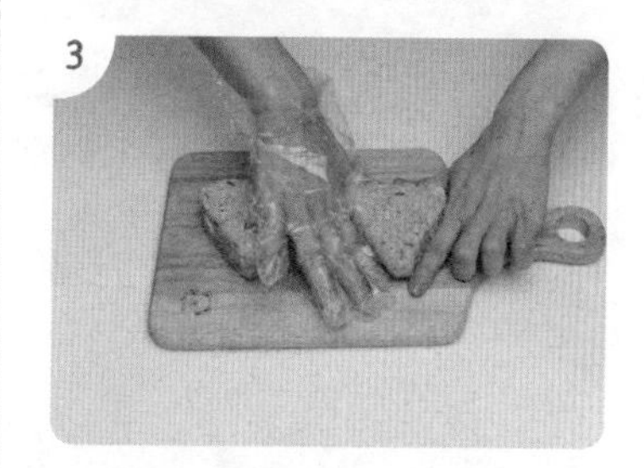

3

4. 煎锅里加入少许食用油涂匀，把饭团的5个面都均匀地煎成金黄色。

   Tip 每个面都充分煎过之后，米饭和豆腐的香味才能出来。

4

5. 装盘，在上面装饰上蔬菜芽，淋上大酱酱汁即可。

注意事项

① 饭团是一种把米饭捏成拳头大小的日式料理，用以简单充饥。

② 韭菜要选用叶子新鲜、纤细、香味浓郁的，这样不容易发蔫，也可以用来制作沙拉或做凉拌菜。

层层美味的金枪鱼豆腐塔

分量：1人份

制作时间：25分钟

难度：中级

"同一款美食以不同的方式盛在不同餐具里，味道也会有所不同。试试放上各种食材堆出一个豆腐塔吧？"

材料

☐ 米饭 1/2碗（100g）
☐ 煎豆腐用豆腐 1/3块（100g）
☐ 黄瓜 1/3个（40g）
☐ 胡萝卜 30g
☐ 罐头金枪鱼 60g
☐ 蔬菜芽 3g
☐ 蛋黄酱 1/2大勺
☐ 食用油 1小勺
☐ 小圆柱模具

| 豆腐调料 |
☐ 盐 1/3小勺
☐ 胡椒粉 1/5小勺
☐ 香油 1小勺

| 金枪鱼调料 |
☐ 辣椒酱 1小勺
☐ 蛋黄酱 1小勺
☐ 盐 1/3小勺
☐ 胡椒粉 1/5小勺
☐ 黑芝麻 1/3小勺

制作指南

1. 豆腐充分捣碎后去除水分，用豆腐调料调好味后在煎锅里煎2分钟，煎至外皮焦酥。
2. 黄瓜、胡萝卜切碎，倒入煎锅里，放一点儿食用油分别用大火单独炒熟。
3. 除去金枪鱼罐头中的油分，捣碎后用金枪鱼调料拌匀。
4. 把准备好的各种食材从下往上按照米饭、胡萝卜、豆腐、黄瓜和金枪鱼的顺序层层叠加，然后装满圆柱形模具，压实。
5. 去掉模具，放上蔬菜芽，淋上蛋黄酱即可。

1
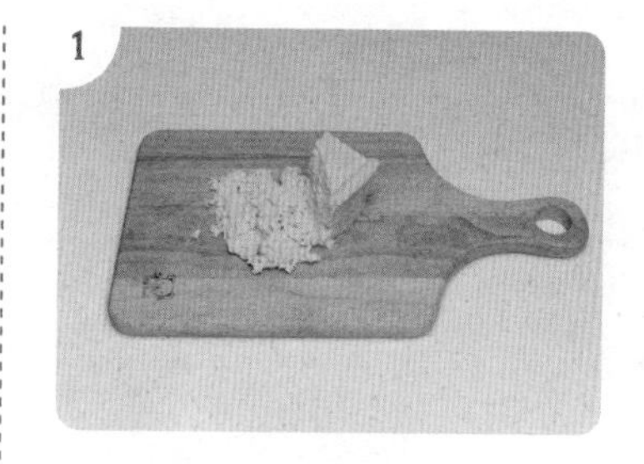

4

5
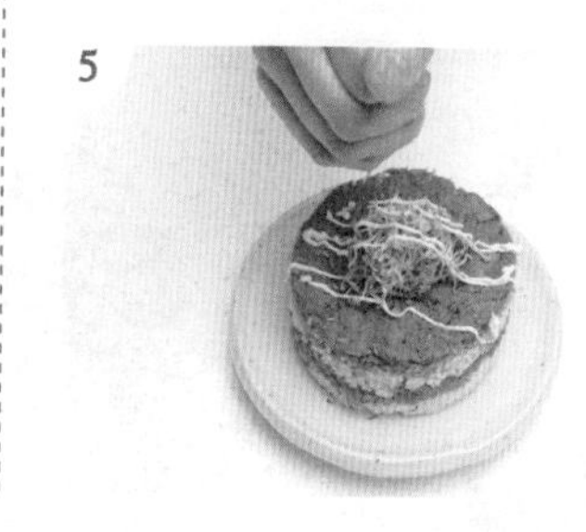

注意事项

如果没有圆柱体模具，也可以把塑料饮料瓶截成8cm长的长筒，用来当模子。

另类牛肉饼——芝麻豆腐饼

分量：2人份

制作时间：40分钟

难度：中级

“吃腻了牛肉饼，试着做个与众不同的豆腐饼吧？加入豆腐，更加清淡，放上芝麻，更加香气扑鼻。”

材料

□ 煎豆腐用豆腐 1/2块（150g）
□ 鸡肉泥 100g
□ 洋葱 1/2个（50g）
□ 甜菜 10g
□ 白萝卜苗 10g
□ 白芝麻 1/2杯
□ 黑芝麻 1/4杯

| 洋葱腌料 |
□ 水 1/3杯
□ 盐 1/3小勺

| 鸡肉调料 |
□ 蒜泥 1小勺
□ 5cm大葱 一段（切末）
□ 蚝油 1大勺
□ 白糖 1小勺
□ 面包粉 2大勺
□ 料酒 1小勺
□ 芝麻盐 1/2小勺
□ 胡椒粉 少许
□ 香油 1大勺

| 酱油酱汁 |
□ 酱油 1大勺
□ 海带汤 2大勺
□ 柠檬汁（或醋）1大勺
□ 白糖 1小勺

制作指南

1. 豆腐用棉布沥干水分后捣碎。
2. 洋葱一半切成末，一半切成丝。然后把洋葱丝放入洋葱腌料里腌制5分钟，沥干水分。甜菜也切成细丝在水中浸泡一会儿后捞出沥干水分。
3. 在碗里倒入捣碎的豆腐、洋葱末、鸡肉泥、鸡肉调料揉搓均匀。

   Tip 相比单纯搅拌，食材经过几次揉搓后结合得比较充分，不容易散，光泽度也比较好，口感更加柔滑。

4. 把白芝麻、黑芝麻拌匀。
5. 把步骤3中揉搓好的食材捏成4cm长、1cm厚的方块。
6. 把步骤5中的方块放入步骤4中摁一下，粘上一层芝麻。
7. 在烤盘里铺上铝箔，放入190℃的烤箱里烤15分钟左右。
8. 盛盘，在旁边点缀上腌制好的洋葱丝、白萝卜苗、甜菜，搭配酱油酱汁一起食用。

3

6

7

注意事项

黑芝麻、白芝麻可以为头皮提供养分，有助于预防少白头和脱发。同时黑芝麻、白芝麻里还富含维生素E，可以有效消除黄褐斑，延缓皮肤衰老，缓解皮肤干燥和过敏性皮炎等症状。

食而不厌的下饭菜——辣炖豆腐

分量：2人份

制作时间：15分钟

难度：初级

“大部分人小时候都被大人使唤着买过豆腐。豆腐很早之前就被摆上了我们的餐桌，是一种我们很熟悉的食材。一盘浸满香辣调料的辣豆腐，最适合下饭了。”

材料

□ 煎豆腐用豆腐 2/3块（200g）
□ 盐 1/4小勺
□ 大葱 3cm（切丝）
□ 芝麻 1/3小勺
□ 食用油 2大勺

| 辣味调料酱 |
□ 酱油 1大勺
□ 金枪鱼液 1大勺
□ 辣椒粉 1大勺
□ 蒜泥 1小勺
□ 白糖 1大勺
□ 紫苏油 1大勺
□ 胡椒粉 1/5小勺
□ 芝麻 1/4小勺
□ 水 2/3杯

制作指南

1. 豆腐要选用那种结实的煎豆腐用的豆腐，切成长宽4cm×3cm，厚4cm的长方块。下面铺上棉布，放上豆腐，均匀地撒些盐腌制10分钟。

Tip 豆腐撒上盐，沥干盐水后会变得更加结实，底下流出的水分会被棉布吸收。

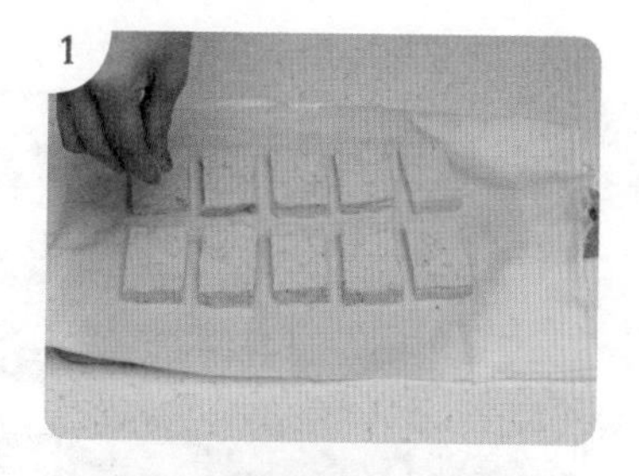

2. 在煎锅里滴入食用油加热，然后放入豆腐，煎至两面金黄。

Tip 煎锅温度过低时放入豆腐，豆腐很容易粘在煎锅上，最好用中火把煎锅烧热后再放入豆腐。

3. 把豆腐放入汤锅中，倒上辣味调料酱开始炖，等汤只剩下2大勺左右时，改用小火慢炖。

4. 盛盘，再浇上调料酱，撒上葱花和芝麻点缀即可。

Tip 豆腐做好之后会继续吸收调料酱汁，因此要剩下大约2大勺酱汁，豆腐才不会干。

最佳营养组合——豆腐夹肉三明治

分量：2~3人份
制作时间：30分钟
难度：中级

"普通的炖豆腐大家早就吃腻了吧？在豆腐中间放上肉，口感更好，风味更佳，可以做小孩子的营养加餐，还可以当作大人的下酒菜。味道咸中带甜，让人食欲大增。"

材料

- □ 煎豆腐用豆腐 1/2块（150g）
- □ 洋葱 1/8个（20g）
- □ 水芹菜 5根
- □ 猪肉末 50g
- □ 面粉 3大勺
- □ 食用油 3大勺
- □ 水 2杯
- □ 盐 1/2小勺

| 猪肉调料 |

- □ 蒜泥 1/2小勺
- □ 姜末 1/3小勺
- □ 盐 1小撮
- □ 胡椒粉 1小撮
- □ 芝麻盐 1/3小勺

| 调料酱 |

- □ 酱油 2大勺
- □ 料酒 1大勺
- □ 低聚糖 1大勺
- □ 水 1/2杯
- □ 香油 1小勺

制作指南

1. 豆腐切成长宽为4cm×3cm，厚0.8cm的长方块，撒上少许盐。

   Tip 豆腐撒上盐后不仅有了咸味，也会变得结实，不容易碎。

2. 洋葱切碎备用。锅中加入2杯水，1/2小勺盐煮沸，水芹菜倒入盐水中焯20秒钟。
3. 在碗里倒入猪肉末、洋葱末和猪肉调料，用手揉搓均匀。
4. 豆腐两面粘上面粉，在豆腐的一面放上步骤3中揉搓好的猪肉末，再用另一块豆腐盖上。
5. 在热锅里加入少许食用油涂匀，把豆腐的两面各煎 3分钟，煎至金黄。
6. 用水芹菜把步骤5中煎好的豆腐捆好。
7. 把一半调好的调料酱倒入汤锅，放入豆腐继续煮开，然后把剩下的那一半调料酱倒入，让其均匀入味。

   Tip 把调料酱分成两份，一半炖豆腐用，另一半淋在上面，这样豆腐的上面才能均匀入味。

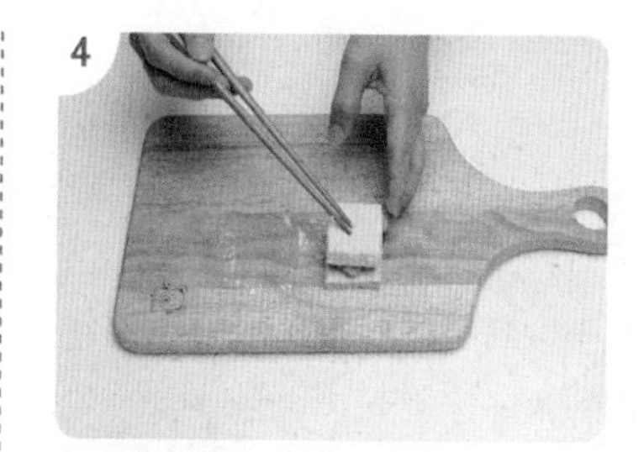
4

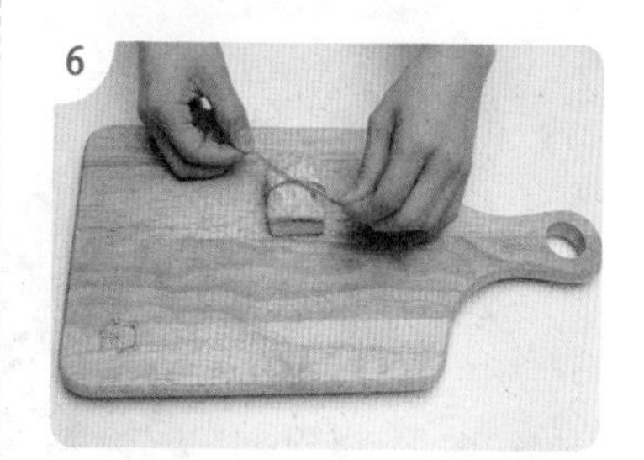
6

7

注意事项

① 豆腐里的馅料除了可以用猪肉，还可以换成鸡肉、牛肉、虾仁。

② 捆扎豆腐的水芹菜，在其他季节也可以换成韭菜或者小葱。

好吃的甜辣味炸豆腐

分量：2人份

制作时间：30分钟

难度：中级

"第一次惊讶其美味的酱汁，第二次惊讶其酥脆的口感，第三次惊讶豆腐里面的软嫩，这便是一口一个炸豆腐的魅力！"

材料

☐ 煎豆腐用豆腐 1/2块（150g）
☐ 盐 1/2小勺
☐ 面粉 1/2杯
☐ 芝麻 1小勺
☐ 食用油 1/2杯

| 酱汁 |
☐ 西红柿番茄酱 3大勺
☐ 水 3大勺
☐ 糖稀 3大勺
☐ 辣椒酱 1大勺
☐ 蒜泥 1大勺
☐ 芝麻 1小勺
☐ 香油 1小勺

制作指南

1. 豆腐切成长宽高都为1.5cm大小的色子模样，均匀地撒上1/2小勺盐腌制 10分钟。

   Tip 豆腐撒上盐之后，经过渗透作用会变得结实。

2. 用棉布或洗碗巾吸干净豆腐里的水分，然后在其表面均匀地裹上面粉。

3. 在煎锅里加入少许食用油涂匀，等油热之后把裹上面粉的豆腐用中火炸至金黄。

   Tip 豆腐裹上面粉之后油炸不迸油，还能够充分吸收酱汁，味道浓郁。

4. 在煎锅里倒入酱汁煮沸，然后放入炸好的豆腐拌匀，最后撒上芝麻点缀。

1

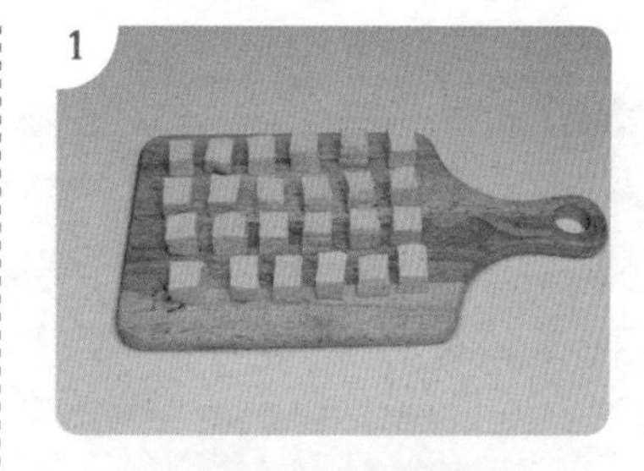

3

4

脆生生的辣椒大酱拌豆腐

分量：2人份

制作时间：15分钟

难度：初级

“脆生生的辣椒搭配上香醇大酱，吃上一点儿很快就会食欲大增。用脆生生的辣椒烹饪，口感更加脆爽。”

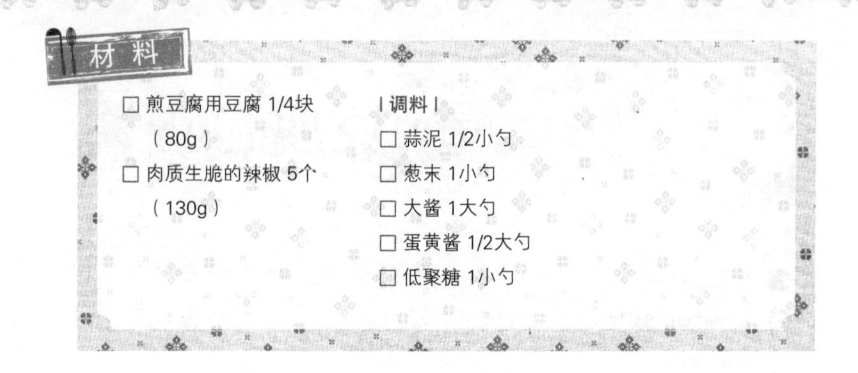

材料

- □ 煎豆腐用豆腐 1/4块（80g）
- □ 肉质生脆的辣椒 5个（130g）

| 调料 |

- □ 蒜泥 1/2小勺
- □ 葱末 1小勺
- □ 大酱 1大勺
- □ 蛋黄酱 1/2大勺
- □ 低聚糖 1小勺

制作指南

1. 豆腐用棉布吸干水分后在碗里捣碎。

   Tip 只有把豆腐中的水分吸干净之后，调料才能更好地渗入到豆腐当中。

2. 把辣椒切成适合入口的大小。

3. 在碗里倒入捣碎的豆腐和调料，搅拌均匀。

   Tip 在调料里加入蛋黄酱可以中和大酱强烈的咸味，增加大酱的香气，润滑口感。

4. 在步骤3中放入辣椒拌匀。

比肉还香的豆腐包饭酱

分量：3人份

制作时间：15分钟

难度：初级

"豆腐包饭酱只用米饭拌着吃就足以让人大流口水。这款豆腐包饭酱可谓是豆腐和大酱的完美组合，味道不太咸，可以多吃一些。"

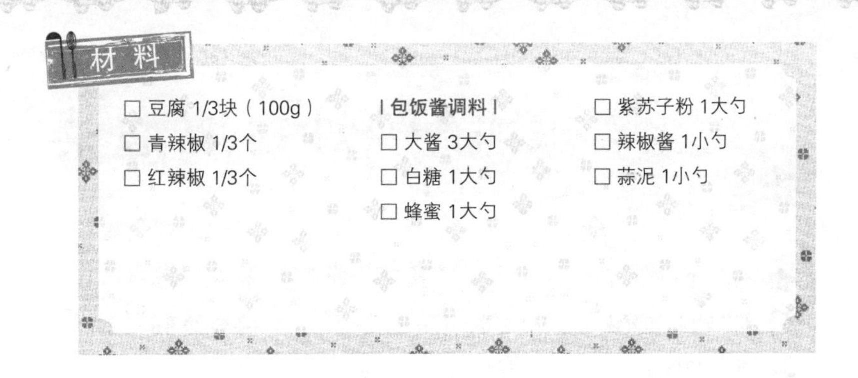

材料

- ☐ 豆腐 1/3块（100g）
- ☐ 青辣椒 1/3个
- ☐ 红辣椒 1/3个

| 包饭酱调料 |

- ☐ 大酱 3大勺
- ☐ 白糖 1大勺
- ☐ 蜂蜜 1大勺
- ☐ 紫苏子粉 1大勺
- ☐ 辣椒酱 1小勺
- ☐ 蒜泥 1小勺

制作指南

1. 豆腐用刀面（刀背和刀刃之间的部分）按碎。

2. 豆腐放入煎锅，用中火翻炒2分钟，炒至豆腐变色。

Tip 充分翻炒可去除豆腐中的水分，豆腐包饭酱才不容易变味。

3. 把制作包饭酱的各种调料倒入翻炒好的豆腐中，再翻炒1分钟左右。

Tip 包饭酱冷却后会变黏稠，制作时要做得比想要的浓度低一些。

4. 装盘，然后用辣椒装饰即可。

柔和辣味的辣炒豆腐泡菜

- 分量：2人份
- 制作时间：20分钟
- 难度：中级

"说起酒肴，人们常常会想起辣炒猪肉，在这道菜里加入了一些豆腐，不仅会中和一些辛辣的味道，搭配猪肉味道也会更好。"

材料

- □ 煎豆腐用豆腐 1/2块（150g）
- □ 猪五花肉 100g
- □ 泡菜 1/2小碗
- □ 洋葱 1/2个（50g）
- □ 大葱15cm 1段
- □ 盐 1/2小勺
- □ 青辣椒 1/3个（切圈）
- □ 红辣椒 1/3个（切圈）
- □ 盐 1/2小勺
- □ 胡椒粉 少许
- □ 芝麻 1/2小勺
- □ 食用油 2大勺

| 调料 |

- □ 蒜泥 1大勺
- □ 生姜 2g（切末）
- □ 辣椒粉 2大勺
- □ 清酒 1大勺
- □ 香油 1小勺
- □ 白糖 1小勺
- □ 金枪鱼液 1大勺
- □ 胡椒粉 少许

制作指南

1. 豆腐切成宽3cm、长4cm、厚1cm的长方块，加入盐、胡椒粉调味。在煎锅里涂上食用油后把调好味的豆腐用中火煎至两面金黄。

   ※Tip※ 豆腐煎至金黄之后，口感才酥脆，还不容易碎掉。

2. 五花肉切成3cm宽的肉片，泡菜也切成差不多的大小，大葱切成两半后切成4cm长的葱段，洋葱切成0.2cm宽的细丝。

3. 在煎锅里放入五花肉用中火翻炒。
4. 等五花肉炒熟后加入泡菜、洋葱、大葱、盐、调料继续翻炒。

   ※Tip※ 如果食材太干可以加点儿水接着翻炒。

5. 把豆腐摆放在盘子的一边，把炒好的步骤4中的食材盛在豆腐旁边，然后撒上些芝麻、青红辣椒装饰即可。

混合料理——豆腐烤肉玉米卷饼

分量：2人份

制作时间：20分钟

难度：中级

“在墨西哥玉米饼里卷入豆腐和烤肉，很适合小孩和老人食用。”

材料

- □ 墨西哥玉米饼（10号）1张
- □ 牛肉（烤肉用）150g
- □ 煎豆腐用豆腐 1/6块（80g）
- □ 盐 1/4小勺
- □ 胡椒粉 1/5小勺
- □ 红皮洋葱 1/6个
- □ 青柿子椒 1/4个
- □ 红柿子椒 1/4个
- □ 卷心菜 1/20个
- □ 芝士片 1片
- □ 奶油奶酪 1大勺
- □ 食用油 1小勺
- □ 蜂蜜芥末 1大勺

| 烤肉调料 |

- □ 酱油 1大勺
- □ 白糖 1小勺
- □ 蒜泥 1小勺
- □ 胡椒粉 1/5小勺
- □ 芝麻 1/3小勺
- □ 香油 1小勺
- □ 淀粉 1/2小勺

制作指南

1. 豆腐切成5cm×3cm×1cm的大小，加入盐、胡椒粉调味。在煎锅里倒入一点食用油，倒入豆腐煎至双面金黄，然后竖着平分成3等份。青、红柿子椒、卷心菜、洋葱切丝。

2. 牛肉加入烤肉调料搅拌均匀，在煎锅里倒上一点儿食用油用中火翻炒。

   Tip 在烤肉调料里加入少量淀粉，炒好放凉了，肉质也会十分水润。

3. 把墨西哥玉米饼放在煎锅里稍微烤一下，一半用奶油奶酪涂成半月形。

   Tip 要多放点儿奶油奶酪，以便粘牢墨西哥玉米饼。

4. 在墨西哥玉米饼上放上芝士片、切好的洋葱、柿子椒、烤肉、豆腐、卷心菜，卷成卷。

5. 切成适合入口大小后，撒上蜂蜜芥末即可。

1

2

4

注意事项

红皮洋葱的颜色为鲜明的深紫色，一般用来制作沙拉。红皮洋葱富含硒元素，可以有效预防和治疗各种癌症。

日式炸豆腐

分量：3人份

制作时间：20分钟

难度：中级

“在裹了淀粉的脆豆腐上淋上甜咸味的酱汁，就做成了这款魅力非凡的菜肴。咬上一口，可以同时品尝到酥脆和鲜润的双重美味。”

材料

□ 煎豆腐用豆腐 1/2块（150g）
□ 淀粉 1/2杯
□ 白萝卜末 40g
□ 小葱 1段（切成葱花）
□ 紫菜包饭用紫菜 1/2张（切丝）
□ 食用油 1/2杯（100ml）

| 酱汁 |
□ 金枪鱼液 1大勺
□ 酱油 1大勺
□ 料酒 2大勺
□ 盐 1小勺
□ 白糖 1大勺
□ 矿泉水 1/2杯（100ml）

制作指南

1. 豆腐切成3等份后，均匀地撒上盐，用棉布盖大约5分钟，排出水分。

2. 然后把豆腐均匀地裹上淀粉，放入热油中用中火炸制各面金黄。

3. 调好酱汁，把白糖完全溶化。

4. 在碗里倒入酱汁，然后放入豆腐、白萝卜末、小葱花、紫菜丝就完成了。

2

2

3

注意事项

日式炸豆腐用甜咸味的酱汁搭配上白萝卜末，易于消化，不油腻，是一道很好的小菜和下酒菜。

消解油腻的豆腐泡菜饼

分量：5个

制作时间：30分钟

难度：中级

"一提到肉饼大家会立马想起肉吧？用健康食材豆腐做成饼会怎么样呢？加入了泡菜，油炸后也不油腻，这便是清爽的豆腐泡菜饼。"

材料

- ☐ 煎豆腐用豆腐 1/2块（150g）
- ☐ 泡菜 100g
- ☐ 面粉 1/2杯
- ☐ 鸡蛋 1个
- ☐ 面包粉 1杯
- ☐ 荷兰芹粉 1大勺
- ☐ 辣椒 1个
- ☐ 盐 1/2小勺
- ☐ 食用油 3杯
- ☐ 卷心菜 80g（切丝）

| 泡菜调料 |
- ☐ 白糖 1小勺
- ☐ 芝麻盐 1/3小勺
- ☐ 紫苏油 1/2大勺

| 酱汁 |
- ☐ 辣椒酱 1/2大勺
- ☐ 低聚糖 1大勺
- ☐ 水 1/3杯
- ☐ 醋 1/2大勺
- ☐ 番茄酱 1大勺

制作指南

1. 豆腐切成长宽为4cm，厚0.5cm的片，然后撒盐调味。

2. 泡菜挤出水分后，切成0.5cm长，然后加入泡菜调料搅拌均匀，在预热好的煎锅里翻炒2分钟。

   Tip 泡菜中如果残留大量水分，油炸时会迸油，泡菜的汤水也会渗出来，所以要把泡菜里的水充分挤干净。

3. 把豆腐两面裹上面粉后，放上炒好的泡菜，盖上另一片豆腐，稍微按压一下。

   Tip 轻轻按压一下可以帮助豆腐定型，这样油炸时不容易变形，外观更加漂亮。

4. 鸡蛋打散，裹在步骤3中的豆腐上，然后再裹上混合好的面包粉、荷兰芹粉，轻轻按压一下。

   Tip 面包粉里加入荷兰芹粉，颜色更漂亮，也更加有营养。

5. 放入在160℃的热油里炸至金黄。

6. 辣椒切碎备用。在汤锅里倒入制作酱汁的各种材料煮开，之后倒入辣椒再煮30秒钟，关火。

7. 将卷心菜切丝铺在盘底，盛上步骤5中炸好的豆腐，淋上酱汁或蘸酱汁一起食用。

3

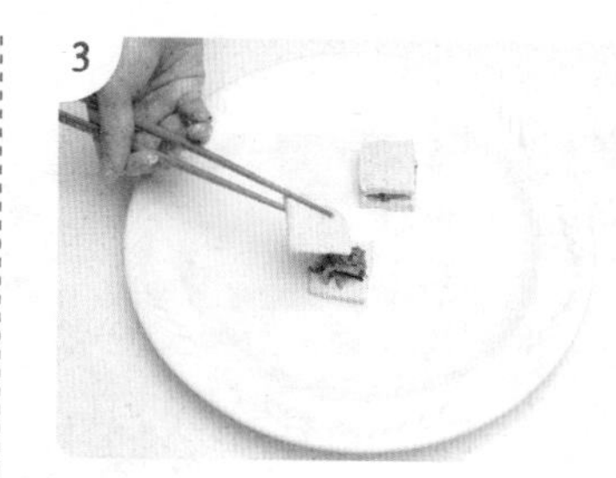

4

5

恨不得连盘子都要吃掉的豆腐虾仁花饺

分量：5个

制作时间：20分钟

难度：中级

“一朵美丽的花饺，不仅赏心悦目，清淡的口感更是唇齿留香，让人恨不得把盘子都吃掉。”

材料

☐ 饺子皮 5张
☐ 8cm×8cm铝箔 1张
☐ 擀面杖 1个
☐ 食用油 2杯

| 豆腐馅料 |
☐ 炖汤用豆腐 1/3块（100g）
☐ 水煮虾仁 100g
☐ 小葱 3段（切成葱花）
☐ 黑芝麻 1小勺
☐ 香油 1小勺
☐ 盐 1/4小勺
☐ 胡椒粉 1/5小勺

制作指南

1. 把擀面杖一头包上铝箔，然后贴上饺子皮。在油锅里加入少许食用油涂匀，加热至180℃，放入饺子皮大约炸制40秒钟。

   Tip 擀面杖用铝箔包住后，饺子皮再裹住擀面杖放入油锅里炸，擀面杖才不会被炸焦。不过要小心没包铝箔的部分被热油溅到。

2. 豆腐用棉布去除水分后捣碎。

3. 水煮虾仁尾巴留作装饰，虾肉剁碎。

4. 在碗里放入豆腐、虾肉、小葱、黑芝麻、香油、盐、胡椒粉拌匀。

5. 在油炸的饺子皮里填满豆腐馅料后，装饰上虾尾就完成了。

1

4

5

高格调的豆腐膳

分量：2~3人份

制作时间: 30分钟

难度: 中级

"这是韩国宫廷料理中一道非常有名的豆腐料理，把豆腐和鸡肉均匀地混合在一起，调好味后加入各种食材上笼蒸熟。很费功夫，一般只用来招待贵宾。"

材料

☐ 豆腐 1/2块（150g）
☐ 鸡胸肉 50g
☐ 大枣 2个
☐ 泡发香菇 1个
☐ 辣椒 2g（切丝）
☐ 松子 7颗
☐ 鸡蛋 1个

| 调料 |
☐ 蒜泥 1小勺
☐ 大葱 5cm（切末）
☐ 香油 1/2小勺
☐ 芝麻盐 1小勺
☐ 胡椒粉 1小撮
☐ 盐 1小撮
☐ 蚝油 1小勺

| 酱油醋汁 |
☐ 酱油 1大勺
☐ 醋 1/2大勺
☐ 白糖 1小勺

制作指南

1. 豆腐用棉布包住挤出水分后捣碎，鸡胸肉剁成末。

2. 泡发香菇切成细丝，大枣去核切成细丝。辣椒切成2cm长细丝，鸡蛋煎成蛋皮后切丝。

3. 在碗里把豆腐、鸡肉混合均匀后放入调味料继续搅拌揉搓。

Tip 把豆腐和鸡肉混合好后揉搓才不会散。

4. 把步骤3做成平整的 1cm厚的正方形。

5. 在步骤4上放上步骤2中准备好的香菇丝、大枣、辣椒丝、鸡蛋皮丝和松子后，在煮开的蒸笼里铺上棉布，盖上锅盖蒸10分钟。

6. 蒸好后放凉，切成适合入口大小，盛入盘中，蘸酱油醋汁食用。

Tip 豆腐在放凉之后切才不会碎。

2

4

5

整个烤制的烤酱油豆腐块

- 分量：4人份
- 制作时间：20分钟
- 难度：中级

"整块豆腐烤制之后看起来更加美味，再淋上不太咸的酱油调料，味道也不再那么平淡。"

材料

☐ 煎豆腐用豆腐 1块（350g）
☐ 食用油 1/2大勺
☐ 紫苏油 1/2大勺
☐ 鸡蛋 1个

| 酱油调料酱 |

☐ 大葱末 2大勺
☐ 酱油 3大勺
☐ 白糖 1大勺
☐ 辣椒粉 1大勺
☐ 蒜泥 1小勺

☐ 香油 1大勺
☐ 熟芝麻 1大勺

制作指南

1. 用棉布盖在豆腐上5分钟，以去除水分。
2. 在煎锅里放入食用油、紫苏油混合，然后把豆腐的 6个面煎至金黄。

   ※Tip※ 食用油和紫苏油的比例为1:1，这样煎出来的豆腐才会更香。

3. 按照 1.5cm的间隔，切出深入豆腐2/3的刀花。

   ※Tip※ 切过刀花后，酱油调料酱会更好地渗入豆腐入味。

4. 调好酱油调料酱备用，鸡蛋煎成单面熟。
5. 把豆腐盛入盘中，淋上酱油调料酱，然后放上煎鸡蛋就完成了。

2

3

5

品味别具一格的丸子——豆腐金枪鱼丸

分量：5个

制作时间: 30分钟

难度: 中级

“在碎豆腐里加入金枪鱼，制成柔软清淡的鱼丸。鱼丸外观漂亮，孩子们喜欢一口一口地吃掉，而鱼丸的热量低，女士们也不用担心摄取过多热量。”

材料

☐ 煎豆腐用豆腐 1/2块（150g）
☐ 罐头金枪鱼 1个（150g）
☐ 洋葱 1/4个
☐ 青柿子椒 1/4个
☐ 红柿子椒 1/4个
☐ 芝士片 2片
☐ 食用油 5大勺

| 酱汁 |
☐ 番茄酱 1大勺
☐ 蛋黄酱 3大勺
☐ 柠檬汁 1小勺

| 鱼丸调料 |
☐ 蒜泥 1小勺
☐ 盐 1/2小勺
☐ 胡椒粉 1/3小勺
☐ 蚝油 1/2小勺
☐ 蛋黄 1个
☐ 芝麻盐 1/2小勺
☐ 香油 1小勺
☐ 面粉 2大勺

制作指南

1. 豆腐用棉布挤出水分后捣碎。
2. 罐头金枪鱼用滤勺控出油分。
3. 洋葱，青、红柿子椒切成末后挤出水分，芝士切成细丝。

3

4. 在煎锅里加入少许食用油涂匀，倒入洋葱用中火翻炒1分钟，然后倒入切好的青、红柿子椒翻炒30秒钟。

Tip 蔬菜炒过之后放入鱼丸里才不会出水，这样鱼丸不容易变形，也没有蔬菜特有的草腥味，味道会更加好吃。

5. 把制作鱼丸的所有材料都放入碗里，用鱼丸调料调好味之后搅拌均匀，揉搓好后捏成一口大小。

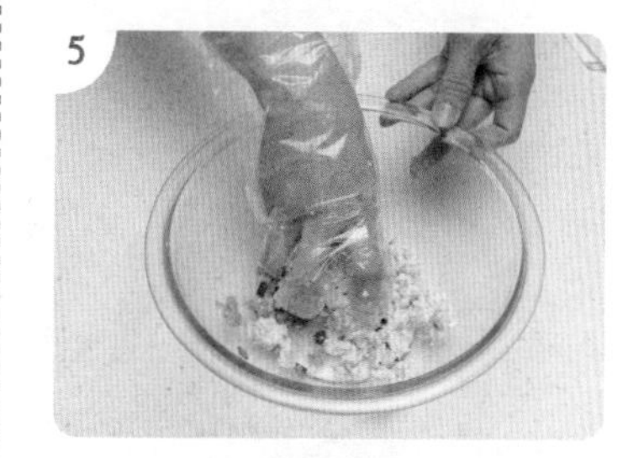
5

Tip 搅拌时用手揉搓几次后，煎制时鱼丸才不会裂开或散开。

6. 在煎锅里滴入食用油后，把豆腐鱼丸两面煎至金黄。在煎好的鱼丸上面用芝士片拼出井字（#），盖上锅盖加热10秒钟，让芝士融化搭配酱汁即可使用。

6

注意事项

可以根据自己的喜好把豆腐丸子里的辅材金枪鱼换成虾肉或鸡肉。

全家人的营养零食——豆腐小吃

分量：2人份

制作时间：50分钟

难度：中级

“最近很少有人在家做甜点吧？不妨试着做一次方法简单、健康美味的豆腐小吃，放上一些黑芝麻，味道更香。既可以做酒肴，又可以做孩子的营养零食。”

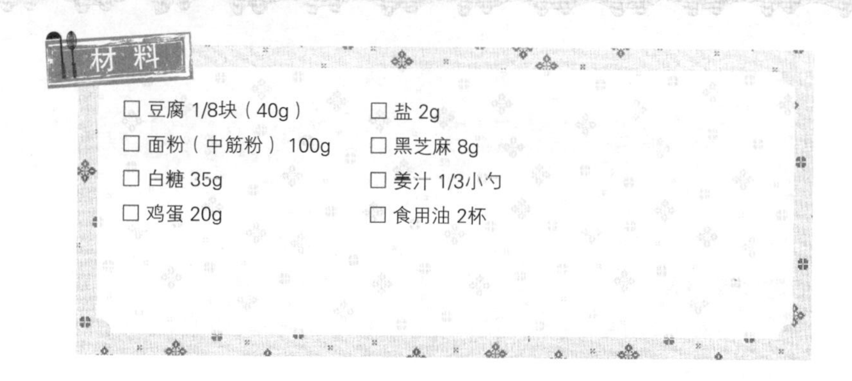

材料

- □ 豆腐 1/8块（40g）
- □ 面粉（中筋粉）100g
- □ 白糖 35g
- □ 鸡蛋 20g
- □ 盐 2g
- □ 黑芝麻 8g
- □ 姜汁 1/3小勺
- □ 食用油 2杯

制作指南

1. 豆腐捣碎用滤勺筛一遍后，放入碗里和鸡蛋搅拌均匀。

   Tip 豆腐用滤勺筛一遍后才能完全弄碎，这样才能和鸡蛋完全混合在一起。

2. 在步骤1的碗里混合好白糖、盐、姜汁、黑芝麻。

3. 面粉用滤勺筛一遍后倒入步骤2中，和成面团后饧20分钟（夏天要放在冰箱里饧面）。

   Tip 面团在饧过之后发酵，才不会裂开。

4. 把面团擀成0.2 ~ 0.3cm厚的面饼，用刀切成菱形（约2 ~ 3cm的菱形），也可以用模具刻印出来。

5. 将菱形面片放入160℃的热油中炸2 ~ 3分钟就完成了。

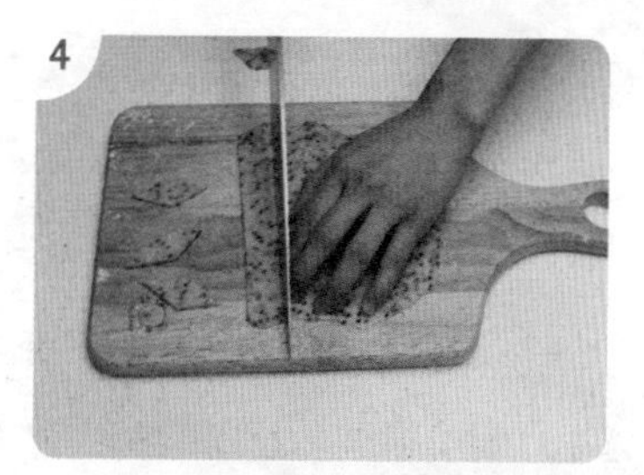

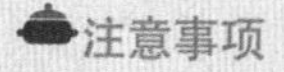

注意事项

饧面是放置面团一段时间，如果面团过软，放入冰箱里饧一下可以让面团稍微变硬，这样更容易造型。

内容丰富的豆腐，长棍面包三明治

分量：2人份

制作时间：20分钟

难度：初级

“把法式长棍面包的内部掏空，填满豆腐沙拉，做成野餐吃的三明治。吃到嘴里就想去郊游。”

材料

- ☐ 法式长棍面包 1/3个
- ☐ 蛋黄酱 1大勺

| 豆腐沙拉 |

- ☐ 炖汤用豆腐 1/3块（100g）
- ☐ 鸡蛋 1个（煮熟）
- ☐ 火腿 40g（切成0.3cm粗）
- ☐ 洋葱 1/4个（盐 1/3小勺，水1大勺）
- ☐ 黄瓜 1/3个（盐 1/3小勺，水1大勺）
- ☐ 胡萝卜 1/6个（盐1/3小勺，水 1大勺）
- ☐ 蛋黄酱 2大勺
- ☐ 白糖 1小勺
- ☐ 盐 1/3小勺
- ☐ 胡椒粉 1/5小勺

制作指南

1. 法式长棍面包片边缘留1cm厚，掏空内部，把掏出的面包撕碎。

2. 用棉布去除豆腐的水分。
3. 洋葱、黄瓜、胡萝卜切成细丝，泡入盐水里腌制15分钟，然后捞出挤干水分。
4. 在碗里放入豆腐、火腿和煮好的鸡蛋，用餐叉弄碎，和豆腐沙拉中的其他食材一起放入掏出的法式长棍面包碎里拌匀。

   Tip 法式长棍面包可以吸收豆腐中的水分。

5. 法式长棍面包里面用小勺涂上蛋黄酱，填入拌好的豆腐沙拉。
6. 将步骤5中装满豆腐沙拉的长棍面包切得厚薄适当，装盘后就可以食用了。

意式烤箱煎蛋饼——豆腐煎蛋饼

- 分量：3人份
- 制作时间: 30分钟
- 难度: 中级

"好看的早午餐只能在西餐厅里才能品尝到吗？当然不是，只需用豆腐和鸡蛋，在家中也可以享受一份奢侈的美味。"

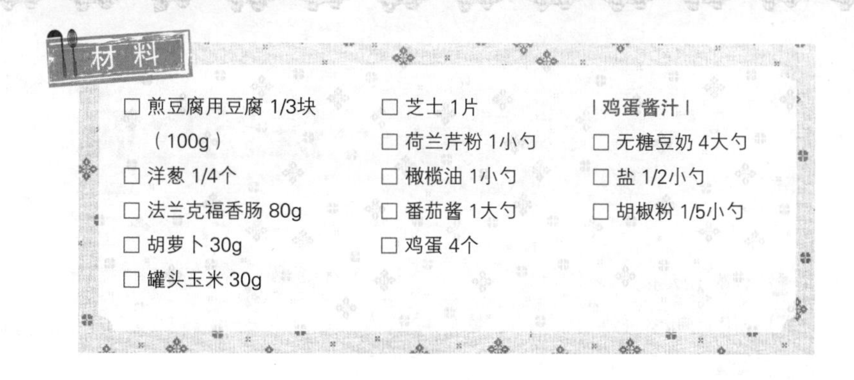

材料

- ☐ 煎豆腐用豆腐 1/3块（100g）
- ☐ 洋葱 1/4个
- ☐ 法兰克福香肠 80g
- ☐ 胡萝卜 30g
- ☐ 罐头玉米 30g
- ☐ 芝士 1片
- ☐ 荷兰芹粉 1小勺
- ☐ 橄榄油 1小勺
- ☐ 番茄酱 1大勺
- ☐ 鸡蛋 4个

| 鸡蛋酱汁 |

- ☐ 无糖豆奶 4大勺
- ☐ 盐 1/2小勺
- ☐ 胡椒粉 1/5小勺

制作指南

1. 鸡蛋打散备用。
2. 豆腐用棉布去除水分后捣碎。
3. 洋葱和胡萝卜切成3cm长的细丝，法兰克福香肠切成 0.3cm厚的圆片。
4. 在煎锅里涂上橄榄油，倒入洋葱、法兰克福香肠、胡萝卜翻炒。
5. 鸡蛋用鸡蛋酱汁调味。
6. 在烤盘里均匀地涂上橄榄油，倒入各种食材（包括罐头玉米和芝士片）和鸡蛋酱汁，然后撒上荷兰芹粉。

Tip 在烤盘上刷上一层橄榄油，烤好后才能轻松地从烤盘上取下来。

7. 放入180℃的烤箱里烤20分钟。
8. 从烤盘取出来后切成适当大小，淋上番茄酱即可。

3

6

6

注意事项

意式煎蛋饼中加入了各种蔬菜、蘑菇、肉类，营养丰富。

健康零食——拔丝豆腐

分量：2人份

制作时间：30分钟

难度：中级

"咬上一口拔丝豆腐，甜丝丝，脆生生，入口后软嫩柔滑！快来感受一下和拔丝地瓜不同的美味吧！"

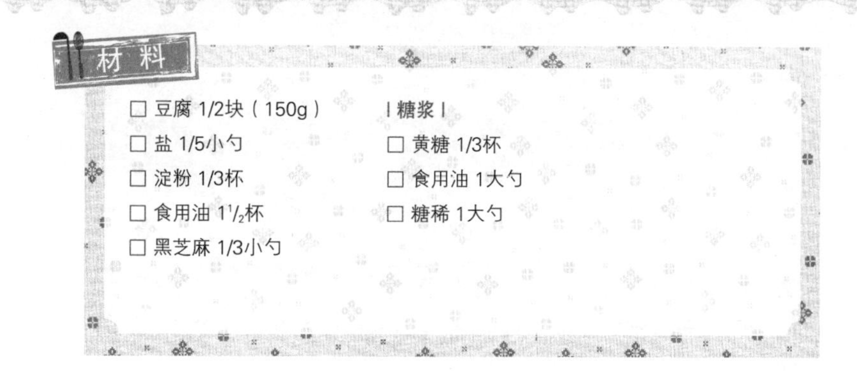

材料

- □ 豆腐 1/2块（150g）
- □ 盐 1/5小勺
- □ 淀粉 1/3杯
- □ 食用油 $1\frac{1}{2}$杯
- □ 黑芝麻 1/3小勺

| 糖浆 |

- □ 黄糖 1/3杯
- □ 食用油 1大勺
- □ 糖稀 1大勺

制作指南

1. 豆腐切成边长2cm的方块，用盐腌制5分钟后用棉布去除水分。

   Tip 豆腐撒上盐后不仅可以入味，还可以促进水分蒸发，油炸时不迸油。

2. 豆腐裹上淀粉，放入170℃的热油中炸酥。

   Tip 裹上淀粉后油炸，更加酥脆。

3. 在煎锅里加入少许食用油涂匀，放入黄糖，用小火煮化，制成糖浆。不用搅拌，等红糖全部融化后倒入糖稀，搅拌均匀，制成糖浆。把油炸好的豆腐放入糖浆内搅拌均匀。

   Tip 不要搅拌糖浆，让其自然融化才不会凝固。

4. 把拔丝豆腐盛盘，撒上黑芝麻就可以享用了。

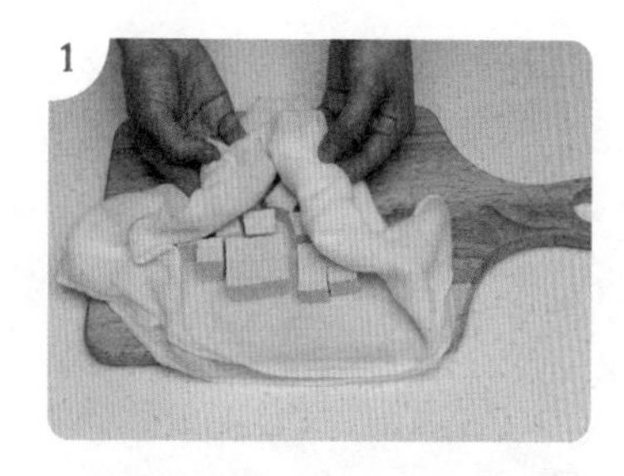

延缓皮肤衰老，豆腐拌西蓝花

分量：2人份

制作时间：15分钟

难度：初级

“西蓝花富含维生素A，可以明目，延缓皮肤老化，搭配豆腐食用营养更为丰富。这道菜味道清淡，是一道健康菜品。”

材料

☐ 炖汤用豆腐 1/2块（150g）
☐ 水 3杯
☐ 盐 1/4小勺
☐ 西蓝花 1/2个（100g）
☐ 黑芝麻 1/4小勺（可以不放）

| 调料 |

☐ 蒜泥 1/2小勺
☐ 紫苏油 1大勺
☐ 大豆料理精华液 1大勺
☐ 盐 1小撮

制作指南

1. 在汤锅倒入3杯水、1/4小勺盐煮沸，然后倒入豆腐焯1分钟捞出放凉。

2. 西蓝花洗净后切成1.5cm大小的一朵，放入步骤1中焯豆腐的水中焯1分钟捞出。然后用凉水冲一遍后用滤勺沥干水分。

3. 把步骤1中焯好的豆腐用棉布挤干水分，用刀面压碎。

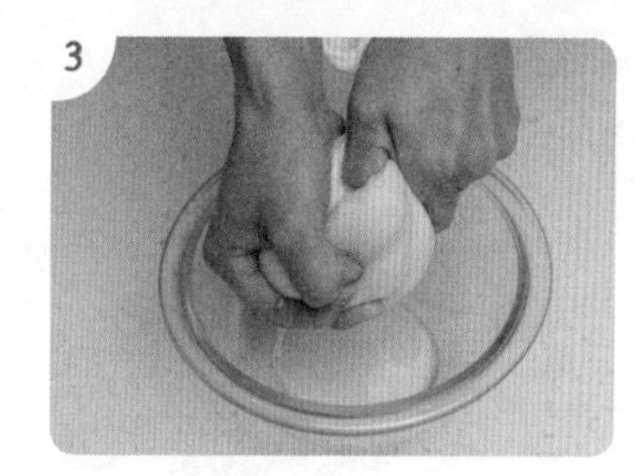

※Tip※ 去除豆腐和西蓝花中的水分，凉拌时调料才能入味。

4. 在碗里放入西蓝花、豆腐搅拌，然后放入调料、黑芝麻拌匀即可。

包着大虾的豆腐——虾丸炸豆腐

分量：3人份

制作时间: 30分钟

难度: 高级

"中国粤菜中有道有名的菜叫东江豆腐。粤菜的特点是味道浓郁，盐味重。我们对这道东江豆腐进行了创新，保持其浓郁的香味，减少咸味和颜色，做出了一道口味清淡的佳肴。"

材料

☐ 豆腐 1块（300g）
☐ 虾仁 150g（切碎）
☐ 小油菜 50g
☐ 盐 2小撮
☐ 食用油 2杯

| 虾仁调料 |
☐ 盐 1小撮
☐ 白胡椒粉 少许
☐ 生姜 2g（切末）
☐ 鸡蛋清 1大勺
☐ 绿豆淀粉 1大勺
☐ 白糖 1/2小勺

| 酱汁 |
☐ 生姜 1g（切末）
☐ 大葱3cm 1段（切碎）
☐ 清酒 1大勺
☐ 蚝油 1大勺
☐ 酱油 1/2大勺
☐ 鸡汤 1杯
☐ 香油 1小勺
☐ 勾芡面汤（绿豆淀粉 1大勺，水 1大勺）
☐ 老抽 1小勺（可以不加）

制作指南

1. 把豆腐边缘不平的地方切去后切成两半，再把每一半切成3等份，总共切出6个长方块。

2. 把切好的豆腐用小刀或茶匙在中间挖个方块，撒上一点儿盐。

Tip 用小刀或茶匙才能把豆腐挖干净。

3. 把虾仁剁碎。

4. 在剁碎的虾仁里放入调料，揉软后填满豆腐里的方块，然后在虾仁上面涂少许鸡蛋清。

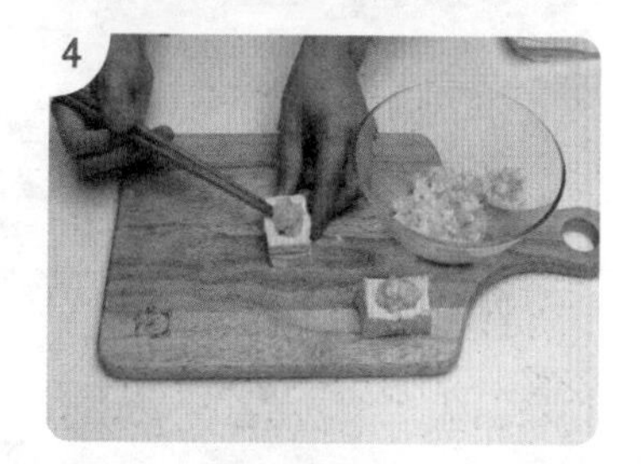

Tip 在虾仁上涂一层鸡蛋清，油炸时调料才不会掉。

5. 小油菜放入热盐水中焯30秒钟，然后用凉水冲一遍后沥干水分备用。在煎锅里涂上食用油，倒入小油菜稍微翻炒一下盛盘。

6. 在煎锅里加入少许食用油涂匀，加热到140℃后，放入步骤4中的豆腐进行油炸，炸到豆腐变黄后捞出，放入步骤5 的盘中。

Tip 如果把虾仁的那面也浸到热油里可能会炸焦，所以需要先把豆腐炸熟后再炸虾仁那面。

7. 在另一口煎锅里加入少许食用油涂匀，放入生姜末、大葱末稍微翻炒一下，倒入配制酱汁的材料（除勾芡面糊、香油外）煮沸，勾芡，等汁水黏稠后加入香油。

8. 在炸豆腐上浇上做好的酱汁就完成了。

降低热量，提高营养，豆腐番茄沙拉

分量：2人份

制作时间：20分钟

难度：初级

"番茄芝士沙拉本来用的是马苏里拉芝士吧？大家不妨在家里试一试不放芝士，加入豆腐做成豆腐番茄沙拉。这样做的沙拉热量低，营养高，制作容易！"

材料

- □ 圆形豆腐 1/2块
- □ 小西红柿 200g
- □ 嫩菜叶 20g
- □ 蔬菜芽 10g
- □ 盐 1/3小勺

| 巴撒米克酱汁 |

- □ 巴撒米克醋 3大勺
- □ 橄榄油 2大勺
- □ 蜂蜜 1大勺
- □ 盐 1/2小勺

制作指南

1. 小西红柿切成0.5cm厚的圆片，撒上少许盐，豆腐也切成0.5cm厚的圆片。

2. 把嫩菜叶和蔬菜芽浸泡在凉水中。

   Tip 蔬菜在水中浸泡过会更加脆爽。

3. 在汤锅里倒入巴撒米克酱汁（巴撒米克醋、橄榄油、蜂蜜、盐），用小火煮2分钟后放凉。

   Tip 煮过之后可以增加酱汁的浓度。

4. 在盘子里轮流放上豆腐、西红柿，然后用棉布把步骤2里的蔬菜水分沥干，摆放在盘子一边，配合巴撒米克酱汁一起食用。

   Tip 需在食用之前淋上酱汁，蔬菜一定要沥干水分才能很好入味。

1

3

注意事项

巴撒米克醋是一种用葡萄发酵而成的果醋，和葡萄酒一样，酿造时间越长，味道和香气越浓郁，价格也越贵。巴撒米克醋口感香甜、清爽，可以增添食物的香气，一般用来制作沙拉或在饭前搭配面包食用。现在可以用不太高的价格在大型超市里购买到巴撒米克醋。

清爽柔和的口感，豆腐鱼虾酱汤

分量：2人份

制作时间：20分钟

难度：初级

"身边有位温顺的好友在，内心也会很舒服。不添加刺激性调料，食物也可以用一种柔和的味道让人内心平静。下面我们就来做一道这样的菜肴——豆腐鱼虾酱汤。"

材料

- □ 炖汤用豆腐 1/3块（100g）
- □ 牡蛎 100g
- □ 大葱 1/3段
- □ 青辣椒 1/2个
- □ 红辣椒 1/2个
- □ 蒜泥 1大勺
- □ 水 3杯
- □ 盐 1小勺
- □ 虾酱汁 1小勺
- □ 香油 1小勺

| 盐水 |
- □ 盐 1/2小勺
- □ 水 $1\frac{1}{2}$杯

制作指南

1. 豆腐切成长、宽、高分别为3cm × 2cm × 0.5cm的方块，用凉水冲洗干净。

   Tip 豆腐切过之后要用凉水冲洗干净，这样做出的汤才会清亮。

2. 大葱斜切成圈，青、红辣椒切成3cm长的细丝。

3. 把1/2小勺盐加入$1\frac{1}{2}$杯水中，然后把牡蛎放入盐水中摇晃，去净杂质。

   Tip 用类似海水盐度的盐水清洗牡蛎，既能杀菌，又能让牡蛎肉质紧实。

4. 在汤锅中倒入3杯水、盐1小勺，用大火煮开，然后放入豆腐、牡蛎，改用中火煮 1分钟。

5. 放入大葱圈，青、红辣椒丝，蒜泥，倒入虾酱汁。

6. 掠去浮沫煮10秒钟，加点儿香油关火。

2

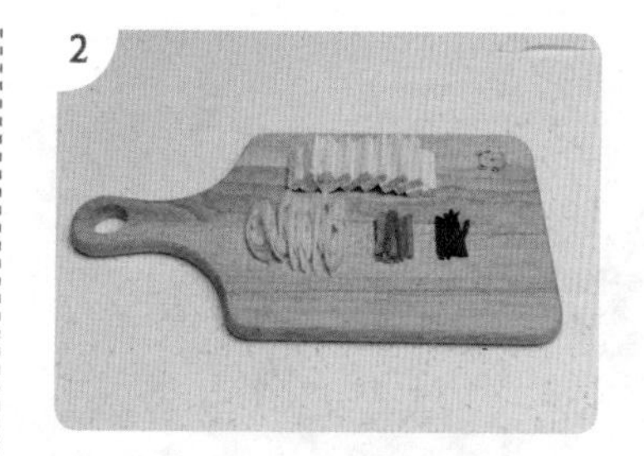

3

注意事项

在发酵过程中，虾壳里的一部分壳多糖会分解生成“壳低聚糖”，虾酱里的这一成分可以提高人体免疫力，抵抗癌症，并有效预防癌细胞转移。

5分钟内搞定的快速豆腐鸡蛋汤

- 分量：2人份
- 制作时间：5分钟
- 难度：初级

"在匆忙之中还要准备早餐不轻松吧？这时可以做碗快速豆腐鸡蛋汤，5分钟内就可以做好，做法简单，味道可口。"

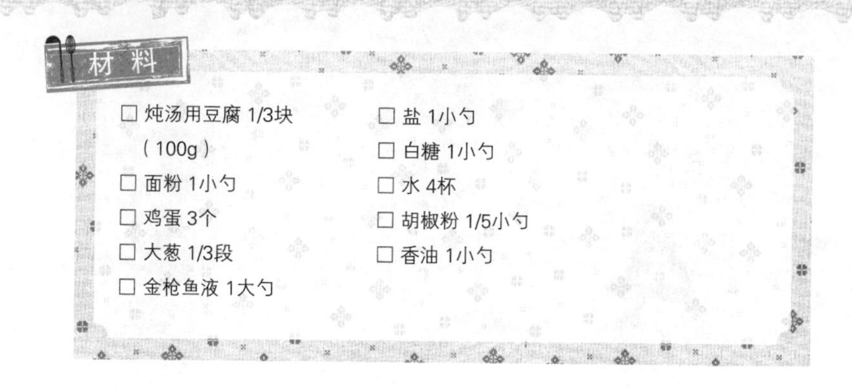

材料

- □ 炖汤用豆腐 1/3块（100g）
- □ 面粉 1小勺
- □ 鸡蛋 3个
- □ 大葱 1/3段
- □ 金枪鱼液 1大勺
- □ 盐 1小勺
- □ 白糖 1小勺
- □ 水 4杯
- □ 胡椒粉 1/5小勺
- □ 香油 1小勺

制作指南

1. 豆腐切成边长2cm的色子模样，均匀地裹上面粉。

Tip 豆腐裹上面粉后更容易粘住鸡蛋液。

2. 在碗里把鸡蛋打散，倒入裹了面粉的豆腐。

3. 在汤锅里倒入水、金枪鱼液、盐、白糖，用大火煮沸，倒入掺了豆腐的鸡蛋液。

Tip 在汤中加少许白糖，可减少鸡蛋的腥味。

4. 关火，放入大葱、香油、胡椒粉，盖上锅盖闷1分钟就可以享用了。

Tip 倒入鸡蛋后马上关火，鸡蛋才会滑嫩。

Part

4

嫩豆腐 & 软豆腐

辣嫩豆腐面片儿汤 / 嫩豆腐牡蛎汤 / 紫苏子大酱嫩豆腐汤 / 嫩豆腐锅巴汤 / 嫩豆腐牛肉盖饭 / 黑芝麻软豆腐沙拉 / 嫩豆腐纳豆冷荞麦面 / 软豆腐蓝莓奶昔

辣汤里的面片儿——辣嫩豆腐面片儿汤

分量：1人份

制作时间：25分钟

难度：中级

“黏黏的面团捏成厚厚的面片，虽然样子不好看，味道却十分鲜美。吃上一碗辣乎乎的豆腐面片儿汤，出出汗吧。”

材料

- □ 嫩豆腐 1/2袋（150g）
- □ 花蛤 100g
- □ 泡菜 100g
- □ 洋葱 1/5个（切丝）
- □ 大葱 1/3根（斜切成圈）
- □ 青辣椒 1/3个（斜切成圈）
- □ 红辣椒 1/3个（斜切成圈）
- □ 辣椒油 2大勺
- □ 辣椒粉 1大勺
- □ 金枪鱼液 1大勺
- □ 蒜泥 1小勺
- □ 花蛤汤 $2^1/_2$杯

| 面片儿面团 |

- □ 面粉 1杯
- □ 水 5大勺
- □ 盐 1/3小勺
- □ 食用油 1/3小勺

| 嫩豆腐调料 |

- □ 盐 1/3小勺
- □ 胡椒粉 1/5小勺

制作指南

1. 在2杯凉水中加1小勺盐，倒入花蛤浸泡，用黑塑料袋盖住，等花蛤吐完淤泥后，把花蛤壳搓洗干净。
2. 在汤锅里加3杯凉水，倒入 花蛤煮，等花蛤张口之后再煮5分钟。
3. 把花蛤汤沥清。

   Tip 花蛤煮的时间太久，肉质会发硬，所以，花蛤张口后，要马上关火。

   Tip 在滤勺上盖一块棉布，沥清花蛤汤备用，花蛤单独放好。
4. 把面粉、盐、水、食用油按比例揉成面团后放入冰箱饧30分钟。

   Tip 在面团里放一点儿食用油，不沾手，方便和面。
5. 在汤锅里倒入辣椒油、泡菜、洋葱、辣椒粉、金枪鱼液、蒜泥翻炒一下。
6. 倒入花蛤汤煮开，然后把面团捏成面片放入锅中。

   Tip 捏面片时，手上沾一点儿水，这样捏出的面片比较薄。
7. 等面片浮起来后，放入用豆腐调料腌好的嫩豆腐、花蛤、切好的青辣椒、红辣椒、大葱煮沸即可。

清爽的嫩豆腐牡蛎汤

分量：2人份

制作时间：20分钟

难度：初级

“平常喝的嫩豆腐汤调料味浓重，我们要保持嫩豆腐的原本味道，放入牡蛎、尖辣椒，做一碗清亮辣爽的嫩豆腐汤。”

材料

- ☐ 嫩豆腐 1/2袋（120g）
- ☐ 牡蛎 1/2袋（100g）
- ☐ 水芹菜 30g
- ☐ 尖辣椒 1/2个
- ☐ 红辣椒 1/2个
- ☐ 大葱 5cm 1段
- ☐ 海带汤 3杯

| 炖汤调料 |

- ☐ 金枪鱼液 1大勺
- ☐ 蒜泥 1小勺
- ☐ 盐 1/3小勺

制作指南

1. 在汤锅里倒入海带汤，放在火上。

Tip 如果要煮出牡蛎特有的清爽，最好用清淡的海带汤煮。

2. 尖辣椒、红辣椒斜切成0.3cm厚的圈，大葱也斜切成同样厚的圈，水芹菜切成4cm长的段。

2

3. 汤煮开后放入嫩豆腐、牡蛎、炖汤调料煮1分钟。

Tip 牡蛎煮的时间太长会发硬，味道也会变差，稍微煮一下就可以。

3

4. 煮开后加入尖辣椒、红辣椒、大葱、水芹菜，再煮1分钟即可。

4

紫苏子汤里的嫩豆腐

——紫苏子大酱嫩豆腐汤

分量：2人份

制作时间：20分钟

难度：初级

"在天气清冷的日子里喝上一碗热腾腾的炖汤，吃上一碗热乎乎的米饭，心也被暖化了。试着做碗香喷喷的紫苏子嫩豆腐汤吧。"

材料

- □ 嫩豆腐 1/2袋（150g）
- □ 小平菇 80g
- □ 炖汤用鳀鱼 10只
- □ 水 3杯
- □ 大酱 2大勺
- □ 蒜泥 1小勺
- □ 大葱 1/2根
- □ 青辣椒 1/3个
- □ 红辣椒 1/3个

| 紫苏子汤 |

- □ 紫苏子粉 1/2杯
- □ 淘米水 1/2杯

制作指南

1. 把鳀鱼的内脏清理干净后倒入汤锅中翻炒一下，倒入3杯水煮开，然后再煮10分钟，捞出鳀鱼留汤备用。

   Tip 鳀鱼稍微翻炒一下后，炖出的汤没有腥味，香气浓郁。

2. 把大葱、青辣椒、红辣椒斜切成圈。

3. 把嫩豆腐倒入调配好的紫苏子汤里搅拌均匀。

   Tip 用淘米水调配紫苏子汤，香味会更加浓郁，不容易结块。

4. 在步骤1中的鳀鱼汤里加入大酱、小平菇煮开，倒入紫苏子汤和嫩豆腐。

   Tip 紫苏子汤在后面放，紫苏子的香味才能持久。

5. 最后加入蒜泥、切好的大葱、青辣椒、红辣椒调味即可。

1

3

4

注意事项

① 要用淘洗了2～3遍的淘米水。

② 紫苏子含有大量不饱和脂肪酸，可以润泽皮肤和头发。

周末中餐——嫩豆腐锅巴汤

分量：3人份

制作时间：25分钟

难度：中级

"大家经常在周末下馆子或点外卖吧？试着在家里做上丰盛的一餐吧。做饭比想象中容易多了。"

材料

□ 嫩豆腐 1盒（320g）	□ 青辣椒 1个	□ 香油 1小勺	□ 水 3杯
□ 蒜 1瓣	□ 红辣椒 1个		
□ 大葱 3g	□ 熟虾 6只	**| 酱汁1 |**	**| 酱汁2 |**
□ 泡发香菇 2个	□ 鱿鱼 1/2只	□ 蚝油 1大勺	□ 淀粉 4大勺
□ 木耳 1朵	□ 糯米锅巴 6片	□ 酱油 1大勺	□ 水 5大勺
□ 胡萝卜 1/20个	□ 食用油 2杯	□ 白糖 2小勺	

制作指南

1. 蒜、大葱切片备用。
2. 香菇、木耳、胡萝卜，青、红辣椒切成边长3cm的方块。
3. 鱿鱼去皮，在内侧间隔0.2cm切出刀花后，切成长宽为3cm×4cm的长方形。
4. 虾用凉水洗净。
5. 糯米锅巴放入热油里炸制成体积膨大两倍。

   Tip 锅巴只有在热油里炸制，才能炸成白色，体积才能膨大两倍。

6. 在煎锅里涂上食用油后，倒入蒜、大葱进行翻炒，然后倒入切好的香菇、木耳、胡萝卜、鱿鱼、虾和青、红辣椒继续翻炒。
7. 倒入酱汁1，用大火煮1分钟，然后放入嫩豆腐再煮30秒钟。倒入酱汁2，等汤汁黏稠后滴入香油。
8. 在炸好的锅巴上淋上步骤7中做好的汤汁即可。

5

7

8

注意事项

酱汁中含有淀粉的，淀粉和水按照1:1的比例调配最为合适。加入淀粉可以防止食物迅速变凉，柔和食物口感，还可以让调料更好地融入酱汁，使菜肴色泽油亮。

日式盖饭的变身——嫩豆腐牛肉盖饭

分量：1人份
制作时间：20分钟
难度：初级

"嫩豆腐牛肉盖饭是嫩豆腐、牛肉、鸡蛋的完美搭配，为日式盖饭增添了丰富营养和美味口感。"

材料

- □ 米饭 1碗（200g）
- □ 嫩豆腐 1/4盒（80g）
- □ 鸡蛋 1个
- □ 牛肉 80g（切薄片）
- □ 洋葱 1/8个
- □ 胡萝卜 1/20个
- □ 大葱 1/3根
- □ 紫菜 1/2张（切成0.2cm宽的丝）

| 盖饭酱汁 |

- □ 海带汤 1/2杯（100ml）
- □ 金枪鱼液 1大勺
- □ 酱油 1大勺
- □ 料酒 1大勺
- □ 白糖 1大勺

制作指南

1. 薄牛肉片用洗碗巾去除血水。

   Tip 去净血水后煮出来的牛肉汤才不会混浊。

2. 洋葱、胡萝卜切丝，大葱斜切成片。
3. 鸡蛋打散，将嫩豆腐倒入鸡蛋中搅拌均匀。
4. 在汤锅里倒入盖饭酱汁煮开，加入切好的洋葱、胡萝卜煮 1分钟。
5. 放入牛肉煮30秒钟，然后放入混合了嫩豆腐的鸡蛋。
6. 在米饭上浇上煮好的嫩豆腐、牛肉，放上切好的大葱和紫菜丝就完成了。

1

3

5

超级简单的黑芝麻软豆腐沙拉

分量：1人份

制作时间：5分钟

难度：初级

"试着在匆忙中抽出5～10分钟做出一顿营养早餐吧。这款超级简单的沙拉5分钟就能做出来，5分钟就能吃完。"

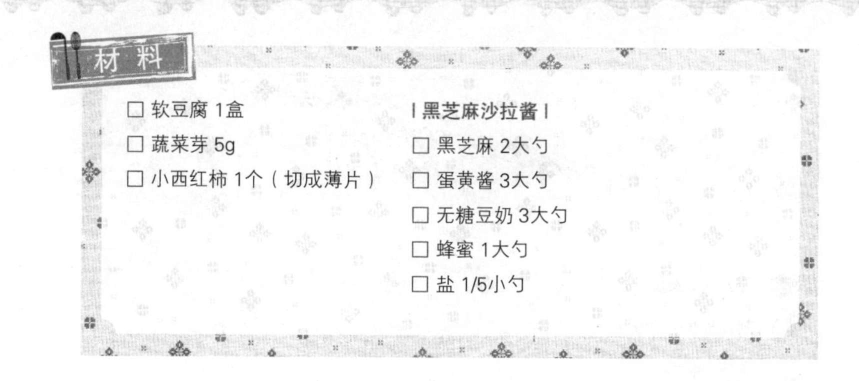

材料

- ☐ 软豆腐 1盒
- ☐ 蔬菜芽 5g
- ☐ 小西红柿 1个（切成薄片）

| 黑芝麻沙拉酱 |

- ☐ 黑芝麻 2大勺
- ☐ 蛋黄酱 3大勺
- ☐ 无糖豆奶 3大勺
- ☐ 蜂蜜 1大勺
- ☐ 盐 1/5小勺

制作指南

1. 把一盒软豆腐翻倒在盘子里，轻轻拍打。

   Tip 轻敲豆腐盒底，软豆腐可以从盒子里完整地倒出来。

2. 黑芝麻倒入煎锅里用小火翻炒2分钟。

   Tip 黑芝麻在煎锅里翻炒去除水分后，味道更香。

3. 把炒好的黑芝麻和其它制作黑芝麻沙拉酱的各种材料放入粉碎机里磨碎。

4. 在软豆腐上淋上黑芝麻沙拉酱，然后放上切好的小西红柿和蔬菜芽即可。

1

3

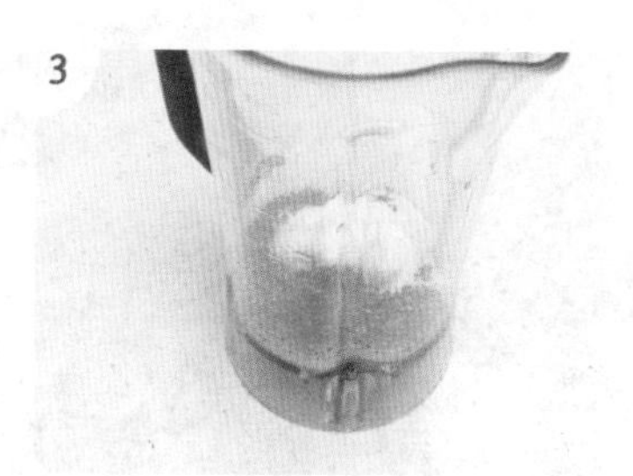

4

凉爽嫩豆腐
——嫩豆腐纳豆冷荞麦面

分量：3人份

制作时间：20分钟

难度：中级

“夏日吃上一碗爽口的日式冷荞麦面，暑气一下子便消失得无影无踪。再加入嫩豆腐，既可以护胃，又可以填饱肚子，何乐而不为呢？”

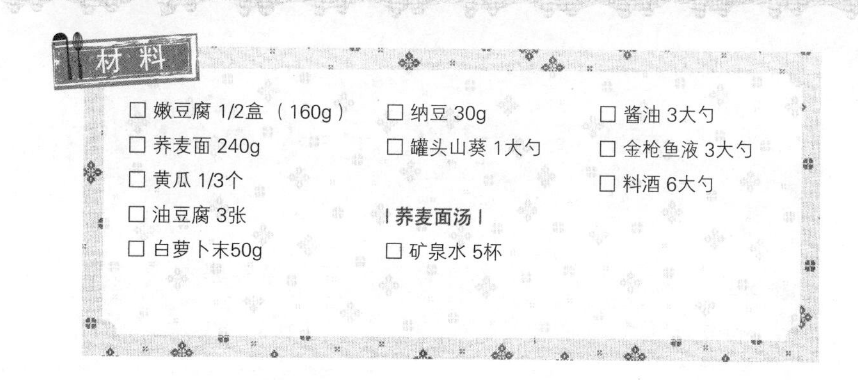

材料

- ☐ 嫩豆腐 1/2盒（160g）
- ☐ 荞麦面 240g
- ☐ 黄瓜 1/3个
- ☐ 油豆腐 3张
- ☐ 白萝卜末50g
- ☐ 纳豆 30g
- ☐ 罐头山葵 1大勺

| 荞麦面汤 |

- ☐ 矿泉水 5杯
- ☐ 酱油 3大勺
- ☐ 金枪鱼液 3大勺
- ☐ 料酒 6大勺

制作指南

1. 嫩豆腐用滤勺筛去卤水。
2. 在沸水里放一点儿盐，倒入荞麦面煮熟，用凉水充分冲洗后，拧成一把大小备用。
3. 黄瓜、油豆腐切成细丝。
4. 白萝卜擦成末备用。
5. 调配好荞麦面汤之后放凉备用。
6. 在煮好的荞麦面上放上切好的黄瓜、油豆腐、纳豆，搭配白萝卜末、罐头山葵食用。
7. 在凉爽的荞麦面汤里加入嫩豆腐即可。

1

4

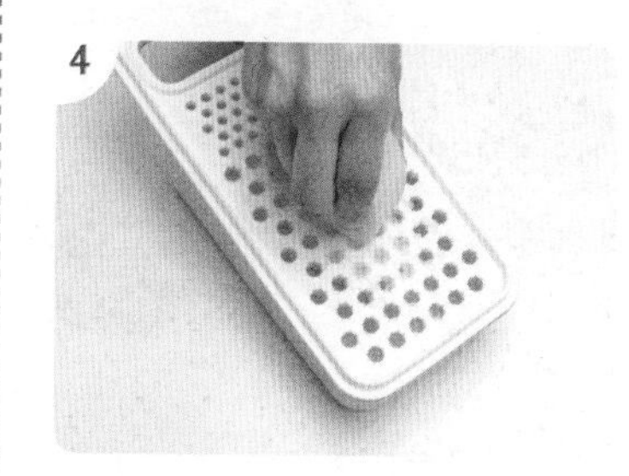

6

注意事项

荞麦面的煮制方法

干面——在沸水中放入少许盐，煮6分钟，捞出用凉水冲凉。

湿面——在沸水中放入少许盐，煮2分钟，捞出用凉水冲凉。

营养美味的软豆腐蓝莓奶昔

分量：2人份

制作时间：5分钟

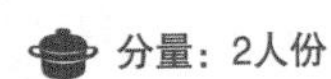

难度：初级

"蛋白质宝库软豆腐和维生素宝库蓝莓干的完美组合，味道甜美，外观好看，营养丰富。大家也试着做一下口感柔滑、营养美味的软豆腐蓝莓奶昔吧。"

材料

- □ 软豆腐 1/2盒（150g）
- □ 原味酸奶 1袋（85g）
- □ 蓝莓干 3大勺
- □ 蜂蜜 1大勺

制作指南

1. 把蓝莓干加入原味酸奶中泡10分钟。

   Tip 蓝莓干在原味酸奶里泡软后更容易磨碎。

2. 在搅拌机里倒入软豆腐、步骤1中处理好的原味酸奶和蓝莓干、蜂蜜磨碎即可。

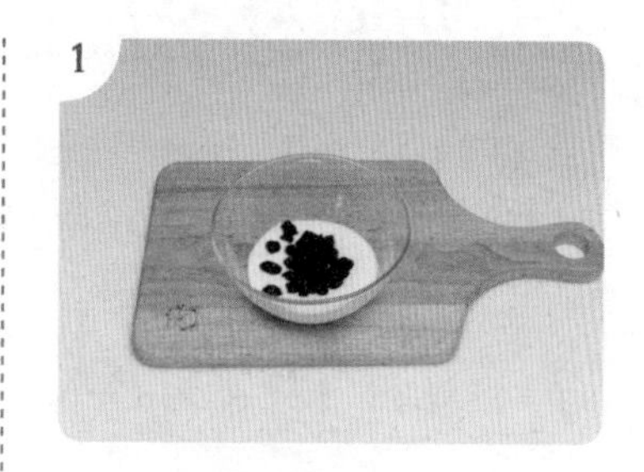

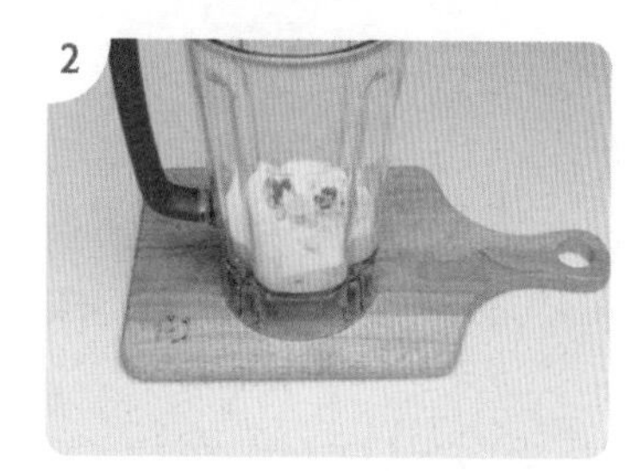

注意事项

蓝莓干里的花青素有助于缓解眼睛疲劳，蓝莓干还富含矿物质和维生素，可以有效滋润皮肤。

豆奶 & 豆粉& 黄豆渣&油豆腐&纳豆&清麴酱&大酱

黑芝麻豆粥 / 糙米豆奶意式焗饭 / 南瓜豆奶浓汤 / 豆奶法式吐司 / 豆奶蒸鸡蛋 / 豆奶羊羹 / 豆粉豆奶意大利面 / 豆粉马德琳蛋糕 / 豆粉海鲜葱饼 / 黄豆渣酱饼 / 黄豆渣玉米沙拉 / 紫苏子酱汁拌油豆腐牛蒡 / 油豆腐炒鱼饼 / 石花菜黄豆渣冷汤 / 油豆腐蔬菜卷 / 油豆腐鸡蛋卷紫菜包饭 / 油豆腐炖魔芋 / 油豆腐灌鸡蛋 / 油豆腐寿司卷沙拉 / 纳豆紫菜粥 / 泡菜纳豆拌生鱼片 / 纳豆菜包饭 / 鸡胸肉纳豆芝士卷 / 裙带菜味噌汤 / 牛胸肉清麴酱汤 / 清麴酱虾仁炒饭 / 油炸清麴酱紫菜卷 / 油炸清麴酱红薯丸子 / 虾仁锦葵大酱汤 / 小白菜大酱汤 / 大酱烤猪肉 / 大酱紫苏子蒸小青椒

黑色食物的代表——黑芝麻豆粥

分量：2人份

制作时间：25分钟

难度：中级

"大家都知道黑色食物比白色食物更加健康吧？粥是一种可以感受熬粥人心意的食物。黑芝麻配上豆奶，就是一碗营养丰富、情深意长的粥。"

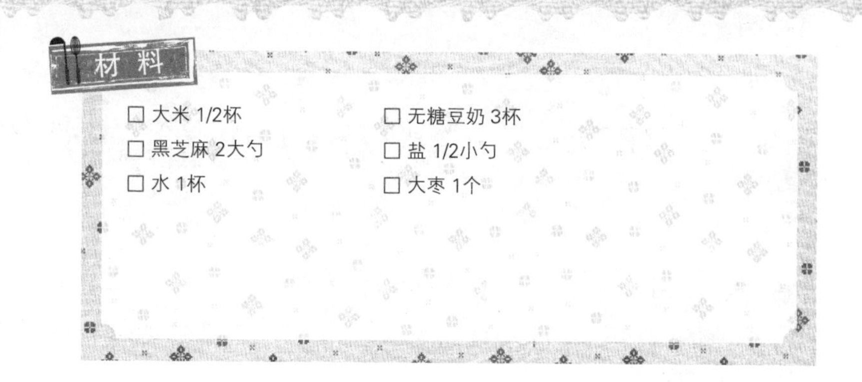

材料

- □ 大米 1/2杯
- □ 黑芝麻 2大勺
- □ 水 1杯
- □ 无糖豆奶 3杯
- □ 盐 1/2小勺
- □ 大枣 1个

制作指南

1. 大米洗净后在水中大约浸泡30分钟，用滤勺沥干水分。
2. 在搅拌机里倒入步骤1中泡过的大米、黑芝麻和1杯水磨碎。
3. 在汤锅里倒入步骤2中的食材和豆奶，用大火煮沸，然后改成中火，慢慢搅拌。

   Tip 熬粥时要用木勺一个劲儿地搅拌，粥才不会粘锅底。

4. 等大米煮烂，粥变得黏稠后加入盐调味，盛入碗中。
5. 大枣沿核剖开，切成0.2cm厚的大枣卷装饰在粥上面。

2

3

6

注意事项

自古以来中国人都认为黑芝麻是一种能让人长生不老的灵丹妙药，喜欢把黑芝麻当作保健食品服用。

消腻良方——糙米豆奶意式焗饭

分量：1人份

制作时间：25分钟

难度：中级

“无需黄油和鲜奶油也可以烹饪出香喷喷的糙米豆奶意式焗饭，减少了热量和油腻，增添了香味和营养。”

材料

- □ 糙米 1/2杯（泡发后 3/4杯）
- □ 橄榄油 1大勺
- □ 蒜泥 1小勺
- □ 洋葱 1/8个（30g）（切丝）
- □ 泡发香菇 2个（切丁）
- □ 豌豆 1大勺
- □ 虾 8只
- □ 无糖豆奶 2杯
- □ 盐 1/3小勺
- □ 胡椒粉 1/5小勺
- □ 小葱 1段（切成葱花）

制作指南

1. 糙米在水里浸泡大约5小时。
2. 汤锅里涂抹上橄榄油，放入蒜泥和泡好的糙米翻炒。

   Tip 充分翻炒至糙米色泽透明，这样味道才香。

3. 在步骤2中放入切好的洋葱、泡好的香菇、虾炒熟。
4. 在步骤3中倒入豆奶，用中火慢炖。
5. 等大米米粒煮烂，水分几乎熬干时，加入盐、胡椒粉调味，然后放入切好的小葱和豌豆点缀。

2

4

5

注意事项

① 用无糖豆奶做出来的焗饭才好吃。

② 糙米煮熟之前必须一直搅拌，豆奶才不会煳锅底。

香甜的南瓜豆奶浓汤

分量：2人份

制作时间：30分钟

难度：中级

"豆奶和软糯的南瓜相得益彰，这款浓汤用豆奶代替鲜奶油，热量低，味道香甜，营养丰富，是一款适合减肥人士和孩子食用的甜品。"

材料

- ☐ 无糖豆奶 $1\frac{1}{3}$杯
- ☐ 南瓜 1/2个（蒸熟后300g）
- ☐ 盐 1/4小勺
- ☐ 蜂蜜 1大勺
- ☐ 南瓜子 6粒（可以省略）
- ☐ 大枣 1颗

制作指南

1. 南瓜放入蒸锅里蒸10分钟后去皮。

   Tip 蒸熟后南瓜变软，容易去皮。

2. 把豆奶、南瓜倒入搅拌机磨碎，如果没有搅拌机也可以用滤勺捣碎。

   Tip 等南瓜放凉后再磨碎。

3. 在汤锅里放入磨碎的南瓜、豆奶和盐，煮1分钟。关火后倒入1大勺蜂蜜搅拌均匀。

4. 大枣沿核剖开，切成0.2cm厚的大枣卷。

5. 把浓汤盛入碗中，装饰上大枣卷和南瓜子即可。

1

2

3

注意事项

① 夏季可放入冰箱冷却后享用，冬季可加热后食用，两种方法都可以品尝到南瓜浓汤的美味。

② 南瓜有预防和治疗糖尿病的功效，还可以预防感冒，消除浮肿。南瓜还富含各种营养元素、膳食纤维，吃一点就很容易有饱腹感，而且消化速度慢，可以减少饥饿感，是一种节食减肥的佳品。

外酥里嫩的豆奶法式吐司

- 分量：2人份
- 制作时间：15分钟
- 难度：初级

“法式吐司是用法式长棍面包裹上鸡蛋做成的吐司，在鸡蛋里不放牛奶，而是加入豆奶，更添几分香甜。搭配上酸爽的水果或冰淇淋，是一份很好的下午茶点心。”

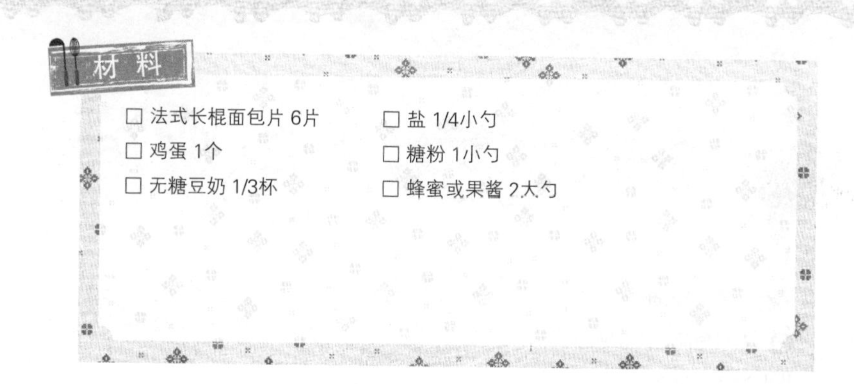

材料

- □ 法式长棍面包片 6片
- □ 鸡蛋 1个
- □ 无糖豆奶 1/3杯
- □ 盐 1/4小勺
- □ 糖粉 1小勺
- □ 蜂蜜或果酱 2大勺

制作指南

1. 法式长棍面包斜着切成1cm厚的面包片。
2. 在碗里倒入豆奶、鸡蛋、盐拌匀，然后把法式长棍面包片放入2秒钟后捞出。
3. 在热好的煎锅里放入黄油，等黄油融化后用中小火把面包的两面各烤1分钟，烤至面包发黄。
4. 把烤好的面包装盘，撒上糖粉，搭配蜂蜜或果酱食用。

注意事项

如果没有法式长棍面包也可以用面包片代替，搭配的酱汁也可以选用蜂蜜、枫糖浆、果酱等。

香味和营养更胜一筹，豆奶蒸鸡蛋

分量：2人份

制作时间：20分钟

难度：初级

“在蒸鸡蛋中不放水，加入豆奶，口感更为清香，再加些西蓝花，就是一道健康的下饭菜肴。没有牙齿的老人、小孩也可以很好地消化吸收。”

材料

- ☐ 鸡蛋 2个
- ☐ 无糖豆奶 1杯
- ☐ 西蓝花 20g
- ☐ 盐 1/3小勺
- ☐ 金枪鱼液 1/2大勺

制作指南

1. 在碗里放入鸡蛋、豆奶、盐、金枪鱼液搅拌均匀后用滤勺滤一遍。

   Tip 鸡蛋用滤勺过一下后，口感会更加柔嫩，表面也更加光滑。

2. 西蓝花切成 0.5cm大小一朵。

   Tip 蒸鸡蛋里的西蓝花也可以用西葫芦等其他软嫩的蔬菜代替。

3. 把蛋液和西蓝花装入耐热容器内，盖上耐高温的保鲜膜后再放入加热好的蒸笼上蒸15分钟即可。

白嫩嫩的甜点——豆奶羊羹

分量：3人份

制作时间：80分钟

难度：初级

"来一碗白嫩的豆奶羊羹怎么样？也不是特别甜，口感正合适。"

制作指南

1

1. 在豆奶中加入琼脂粉，泡10分钟左右。

   Tip 琼脂粉泡过之后煮才不会结团。

2

2. 在汤锅中倒入泡有琼脂粉的豆奶，用中火熬至黏稠后，拌入低聚糖。

   Tip 低聚糖可以使羊羹更有光泽。

3. 在容器中倒入煮好的豆奶。

4. 放入冰箱凝固，大约1小时后取出，用模具压出形状。

注意事项

琼脂是一种用石花菜加工而成的食品，在制作果冻或羊羹时用作凝固剂，热量低，可以预防便秘，也是一种减肥食品。

再见，厚重的鲜奶油！
豆粉豆奶意大利面

分量：2人份

制作时间：30分钟

难度：中级

"一提到奶油意大利面，就想起鲜奶油？用少脂肪低热量的豆奶代替厚重的鲜奶油做出一碗意大利面，加上豆粉味道更加清香，丝毫不亚于鲜奶油。"

材料

☐ 无糖豆奶 2杯	☐ 西蓝花 50g
☐ 豆粉 4大勺	☐ 芝士片 1/2片
☐ 螺旋面意大利面 120g	☐ 洋葱 1/4个（50g）
☐ 蒜 2瓣	☐ 盐 少许
☐ 双孢菇 3个	☐ 橄榄油 1大勺

制作指南

1. 把蒜、双孢菇切成0.3cm厚的薄片，西蓝花切成2cm大小，洋葱切成0.5cm厚的丝。

2. 在沸水中加点儿盐，倒入西蓝花焯20秒钟，捞出沥干水分。在焯过西蓝花的水中放入螺旋意大利面煮8分钟，捞出加入1大勺橄榄油拌匀。

   Tip 螺旋意大利面煮好后加点儿油搅拌一下，面条不容易粘连，而且富有弹性。

3. 无糖豆奶和豆粉用打蛋器搅拌均匀。

4. 在煎锅里涂上橄榄油后，先倒入蒜片用中火翻炒30秒钟，然后放入切好的洋葱翻炒30秒钟，再倒入切好的双孢菇翻炒30秒钟。

5. 在步骤4里放入步骤3中的豆奶粉和芝士不停地搅拌，用中火煮4分钟。

   Tip 豆粉容易结团，熬煮时要不停地搅拌。

6. 煮好之后，放入意大利面、西蓝花、盐翻炒大约1分钟，盛盘后撒上豆粉即可。

4

5

6

注意事项

意大利面按照形状不同可分为螺旋面、意大利长面、空心面、意大利扁细面。除了选用双孢菇外还可以用杏鲍菇、平菇等其他食材做出不同口味。

加入豆粉更加香甜的豆粉马德琳蛋糕

分量：2人份

制作时间：1小时

难度：中级

"马德琳蛋糕是一种贝壳模样的法国蛋糕，味道类似普通的卡斯提拉。在制作马德琳蛋糕的材料里加入豆粉，口感更加香浓，适合搭配茶和牛奶一起食用。"

材料

- □ 面粉（低筋面粉）70g
- □ 豆粉 20g
- □ 泡打粉 2g
- □ 白糖 100g
- □ 鸡蛋 100g
- □ 柠檬皮 1g（切末）
- □ 盐 1g
- □ 融化黄油 100g
- □ 食用油 1大勺（刷模具）

制作指南

1. 在碗里倒入低筋面粉、豆粉、泡打粉、白糖，用打蛋器搅拌均匀。

2. 把鸡蛋分两次打入步骤1中搅拌均匀。

3. 在步骤2中放入柠檬皮、盐搅匀后倒入融化的黄油，轻轻搅拌均匀。

4. 在室温下饧30分钟（夏天要放入冰箱中饧）。

5. 把制作马德琳蛋糕的模具涂上一层食用油后，把搅拌好的面糊挤入模具，大约填满模具的80%即可。

   Tip 烤制时蛋糕会在烤箱里膨胀变大，如果面糊填满模具，做出的蛋糕就会溢出模具。

6. 放入预热到190℃的烤箱里烤制20分钟即可。

注意事项

如果没有马德琳蛋糕的专用模具也可以用普通的玛芬蛋糕模具。

雨日美味——豆粉海鲜葱饼

分量：2人份

制作时间：30分钟

难度：中级

“在阴天或雨天常常会想吃份煎饼吧？煎饼里最好吃的就是海鲜葱饼了。在面糊中加入豆粉，更加香气扑鼻。再喝上一杯米酒，更加美味。”

材料

- □ 豆粉 1大勺
- □ 面粉 1/2杯
- □ 糯米粉 1大勺
- □ 小葱（或细葱）70g
- □ 海鲜（牡蛎、贻贝、虾肉、蛤蜊肉等）60g
- □ 牛肉 20g
- □ 鸡蛋 1个
- □ 红辣椒 1/2个
- □ 盐 1/2小勺
- □ 水 1/2杯

| 牛肉调料 |

- □ 蒜泥 1/2小勺
- □ 芝麻盐 少许
- □ 胡椒粉 少许
- □ 香油 1小勺
- □ 酱油 1/2小勺
- □ 白糖 1/4小勺

| 酱油醋汁 |

- □ 酱油 1大勺
- □ 醋 1/2大勺
- □ 白糖 1/2小勺

制作指南

1. 把豆粉、面粉、糯米粉、水、盐倒入碗中，和成面糊。

2. 小葱洗净后把粗的部分竖着一切为二，红辣椒切成4cm长的细丝。

3. 海鲜用盐水洗净后沥干水分。牛肉切丝，用牛肉调料拌好。

   Tip 海鲜、小葱一会就熟，所以牛肉要切成细丝以便和其他食材一起煎熟。

4. 煎锅先用小火加热，涂上食用油。小葱先裹上一层薄薄的面粉，放入步骤1中的面糊里，马上捞出后摊在煎锅里。然后在上面均匀地淋上一层1中的面糊，再在上面均匀地摆放上海鲜、牛肉丝，倒上鸡蛋液，最后放上切好的红辣椒丝。

   Tip 小葱很容易焦，最好用中小火煎。

5. 等面糊变得透明，底面发黄后，翻面，煎至金黄。

6. 装盘，搭配酱油醋汁一起食用。

1

3

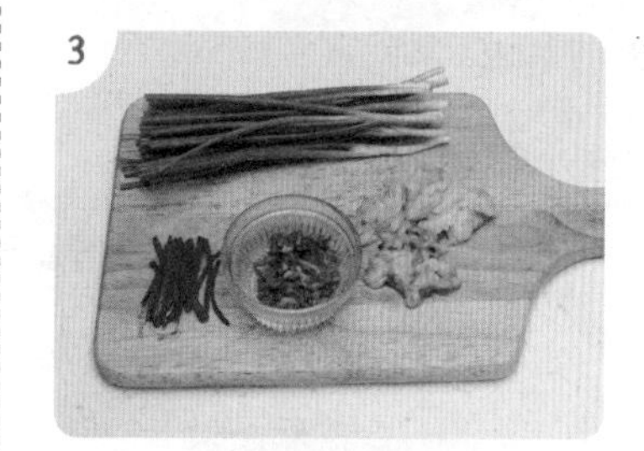

4

回忆乡村味道，黄豆渣酱饼

分量：2人份

制作时间：30分钟

难度：中级

"回想起小时候外婆常会用大酱和辣椒酱做出香喷喷的煎饼。里面加些糯米粉，放凉之后吃，更加有嚼劲。"

材料

- □ 黄豆渣 200g
- □ 糯米粉 2大勺
- □ 面粉 5大勺
- □ 青辣椒 1个
- □ 红辣椒 1个
- □ 食用油 1/3杯

| 调料 |

- □ 辣椒酱 1大勺
- □ 大酱 1/2大勺
- □ 蒜泥 1小勺
- □ 芝麻盐 少许
- □ 胡椒粉 少许
- □ 低聚糖 1小勺
- □ 紫苏油 1小勺
- □ 鸡蛋 1个

| 酱油醋汁 |

- □ 酱油 1大勺
- □ 醋 1/2大勺
- □ 白糖 少许

制作指南

1. 把青、红辣椒切成0.2cm厚的圆圈。

2. 在碗里倒入黄豆渣、糯米粉、面粉、调料搅拌成面糊。

3. 在煎锅里涂上一层食用油，舀出面糊摊成直径大约为5cm，厚度为0.8cm的小饼后，用中火把底面煎熟，在上面摆上切好的青、红辣椒圈。等底面透明熟透后翻过来，用相同的方法再煎大约2分钟。

   Tip 加入了糯米粉的煎饼比其他煎饼更容易粘锅，所以煎的时候要多放点儿油，锅铲上最好也先刷点儿油再用。

4. 盛盘，搭配酱油醋汁一起食用。

注意事项

酱饼是一种韩国传统美食，是在糯米粉或面粉中加入辣椒酱、大酱、酱油等调料做成面饼（用面糊或煮好的蔬菜摊成的扁平面饼），之后，再用油煎制或烤制而成。酱饼味道咸，是一种很好的下饭菜。酱饼和一般的煎饼不同，放凉后更加劲道、好吃。

色彩斑斓的黄豆渣玉米沙拉

分量：3人份

制作时间：20分钟

难度：中级

“小孩子一般都不喜欢吃黄豆，但在里面加入玉米和火腿肠，做成类似土豆泥的沙拉，便成了一道很合孩子们胃口的美食。”

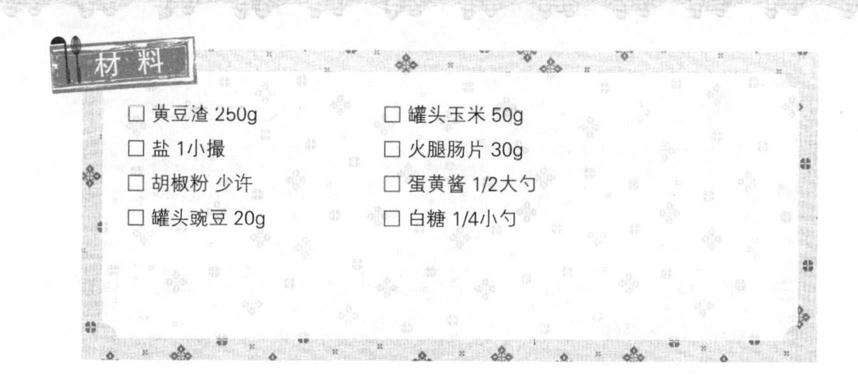

材料

- □ 黄豆渣 250g
- □ 盐 1小撮
- □ 胡椒粉 少许
- □ 罐头豌豆 20g
- □ 罐头玉米 50g
- □ 火腿肠片 30g
- □ 蛋黄酱 1/2大勺
- □ 白糖 1/4小勺

制作指南

1. 黄豆渣用棉布包住挤干水分，放入预热好的煎锅里用小火翻炒2～3分钟，去除残留的水分，然后加入盐和胡椒粉调味。

2. 火腿肠片切成玉米粒大小。

3. 罐头玉米用滤勺沥干水分。

Tip 食材里残留很多水分不容易入味，所以要去除每种食材里的水分。

4. 豆渣冷却之后盛入碗中，加入豌豆、玉米、火腿肠、蛋黄酱搅拌均匀即可。

Tip 豆渣热的时候搅拌容易坏掉，最好冷却之后拌匀。

油豆腐和根茎蔬菜的相逢，

紫苏子酱汁拌油豆腐牛蒡

分量：2人份

制作时间：20分钟

难度：中级

"根茎蔬菜里富含土地的力量，在菜肴中加入蕴含土地力量的牛蒡，营养增加了2倍。"

材料

- □ 牛蒡 80g
- □ 油豆腐 3张
- □ 胡萝卜 20g
- □ 醋 1小勺
- □ 水 1杯

| 调料 |

- □ 水 1杯
- □ 酱油 2大勺
- □ 白糖 1大勺
- □ 料酒 1大勺

| 紫苏子酱汁 |

- □ 蛋黄酱 3大勺
- □ 紫苏子粉 3大勺
- □ 白糖 1大勺
- □ 酱油 1小勺

制作指南

1. 在1杯水中加1小勺醋，把牛蒡切成5cm长的细丝倒入醋水中浸泡5分钟。

   Tip 浸泡在醋水里可以去除牛蒡的麻味，还可以防止牛蒡变色。

2. 油豆腐、胡萝卜切成4cm长的细丝。

3. 把调料倒入汤锅中煮沸，放入切好的牛蒡、油豆腐、胡萝卜，用中火熬5分钟。

   Tip 用调料稍微炖一会，食材便可以入味，牛蒡和胡萝卜也不会发硬。

4. 把炖好的食材用滤勺沥干水分，放凉。

   Tip 等食材完全放凉后拌匀，酱汁才不会稀。

5. 在放凉的食材里倒入紫苏子酱汁拌匀就完成了。

1

3

5

家常人气菜肴——油豆腐炒鱼饼

分量：2人份

制作时间：15分钟

难度：初级

“一袋鱼饼买回家后经常会剩下一点，放到冰箱里就抛之脑后了。试试做一份鱼饼炒油豆腐吧，为清冷的餐桌上添加一些活力。”

材料

☐ 油豆腐 5张
☐ 四方形鱼饼 150g
☐ 泡发香菇 2个
☐ 青辣椒 1个
☐ 红辣椒 1个
☐ 葡萄籽油 1小勺

| 油豆腐 · 鱼饼 · 香菇调料 |
☐ 水 2大勺
☐ 料酒 2大勺
☐ 酱油 2大勺
☐ 白糖 1大勺

| 香油调料 |
☐ 糖稀 1大勺
☐ 香油 1小勺
☐ 熟芝麻 1小勺

制作指南

1. 把油豆腐、鱼饼切成5cm × 0.3cm的细丝，放入沸水中焯一下。泡发香菇、青、红辣椒也切成相似宽度的细丝。

   Tip 油豆腐就是用油炸过的豆腐，鱼饼是用海鲜加工的油炸食品，焯一下后可以减少油分，味道更加清淡。

2. 在煎锅里倒入葡萄籽油，放入油豆腐、鱼饼、香菇，用中火翻炒5分钟。

   Tip 各种食材在煎锅里充分翻炒后，味道才更加丰富。

3. 在油豆腐、鱼饼、香菇中放入水、料酒、酱油和白糖炒干水分。

4. 放入青、红辣椒丝、香油调料拌匀即可。

1

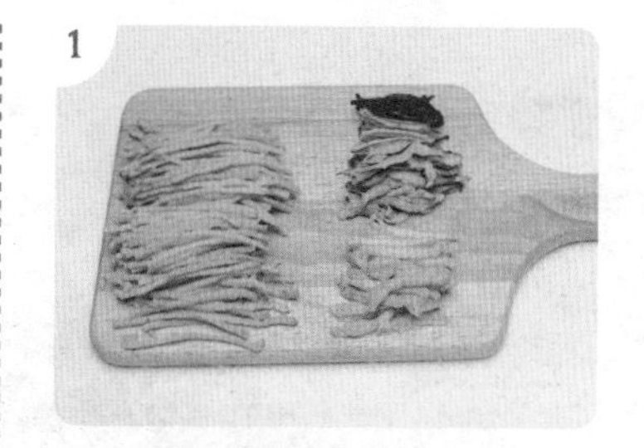

2

4

一口喝完的石花菜黄豆渣冷汤

- 分量：2人份
- 制作时间：15分钟
- 难度：初级

“大家经常在夏天吃豆汤面条，那试着用石花菜做一道别有风味的豆汤面条吧。黄豆渣汤口感香浓、软滑，又无须担心摄入过多的热量，可谓一石两鸟。”

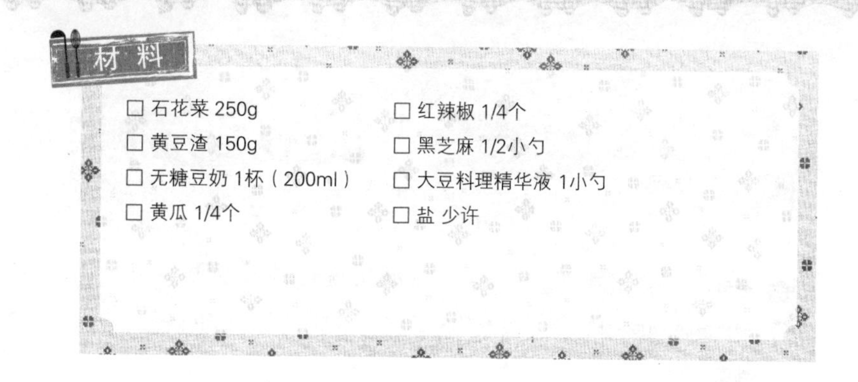

材料

- □ 石花菜 250g
- □ 黄豆渣 150g
- □ 无糖豆奶 1杯（200ml）
- □ 黄瓜 1/4个
- □ 红辣椒 1/4个
- □ 黑芝麻 1/2小勺
- □ 大豆料理精华液 1小勺
- □ 盐 少许

制作指南

1. 在碗里倒入黄豆渣、无糖豆奶、大豆料理精华液、盐，调成豆汤。

2. 把石花菜切成0.3cm宽的丝，黄瓜切成细丝，红辣椒切圈。

3. 把石花菜盛入碗中，浇上步骤1中的豆汤，再放上黄瓜丝、红辣椒、黑芝麻即可。

注意事项

石花菜是一种海藻，一般用作琼脂的原料，有降血压的功效。此外石花菜还富含膳食纤维，可以减少肠道内的胆固醇含量，可以预防高血压、动脉硬化、糖尿病，是一种健康食材。

五彩蔬菜卷——油豆腐蔬菜卷

分量：2人份

制作时间：15分钟

难度：初级

"大家对如何烹饪冰箱里的蔬菜大伤脑筋吧？试着在油豆腐里卷入蔬菜，外观好看，味道可口，营养丰富。"

材料

☐ 油豆腐 6张
☐ 黄瓜 1/2个
☐ 红甜椒 1/3个
☐ 胡萝卜 1/4个（50g）
☐ 白萝卜苗 20g
☐ 绿豆芽 100g

☐ 食用油 2大勺

| 绿豆芽・胡萝卜调料 |

☐ 盐 2小撮
☐ 香油 1/2小勺

| 油豆腐调料 |

☐ 酱油 1大勺
☐ 清酒 1大勺
☐ 水 4大勺
☐ 白糖 1/2大勺

制作指南

1. 把绿豆芽去头去尾，黄瓜切成5cm长的细丝，胡萝卜和红甜椒也切成黄瓜丝大小。

2. 把绿豆芽倒入热水中焯一下，捞出过一遍凉水沥干，加入盐、少许香油拌匀。油豆腐放入焯过绿豆芽的水中焯一下，然后用凉水冲凉。

3. 油豆腐用调料调好味后，切齐边缘后切成5cm宽的片。

4. 在热锅里放入切好的胡萝卜丝、香油、少许盐稍微腌制一下后翻炒 1分钟。

5. 在切好的红甜椒中加一点儿盐调味，在煎锅里加入少许食用油涂匀，倒入红甜椒翻炒 30秒钟。

Tip 油豆腐里的蔬菜只需稍微翻炒一下，以保持蔬菜爽脆的口感。

6. 把调好味的油豆腐铺好，卷入准备好的绿豆芽、胡萝卜、红甜椒、黄瓜、白萝卜苗即可。

1

2

6

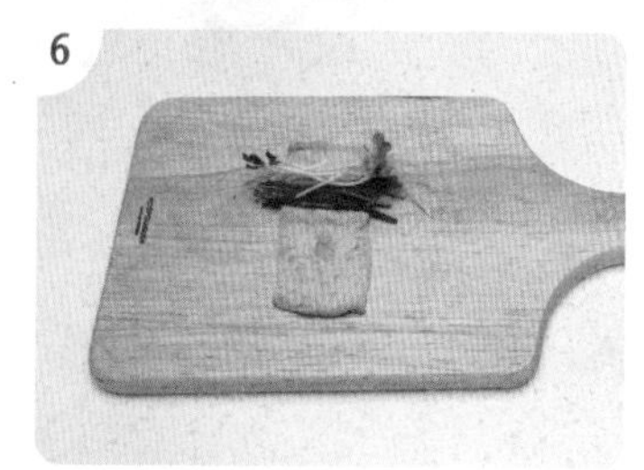

身裹鸡蛋皮的紫菜包饭

——油豆腐鸡蛋卷紫菜包饭

分量：2人份

制作时间：20分钟

难度：中级

"吃腻了一般的紫菜包饭，尝一尝裹着鸡蛋皮的紫菜包饭吧。里面放了咸咸的油豆腐，大家也试着做一下最近流行的油豆腐鸡蛋卷紫菜包饭吧。"

材料

- ☐ 米饭 150g
- ☐ 紫菜包饭用紫菜 1张
- ☐ 油豆腐 3张
- ☐ 午餐肉 30g
- ☐ 鸡蛋 1个
- ☐ 比萨奶酪 15g
- ☐ 食用油 1小勺

| 醋汁 |

- ☐ 醋 2小勺
- ☐ 白糖 1小勺
- ☐ 盐 1/3小勺

| 调料 |

- ☐ 料酒 1大勺
- ☐ 酱油 1小勺
- ☐ 白糖 1小勺

制作指南

1. 把醋汁调好后倒入汤锅里煮沸，放凉后和米饭搅拌均匀。
2. 油豆腐切丝，午餐肉切成0.3cm宽的长条。
3. 在煎锅里倒入调料、油豆腐、午餐肉腌制一下。

4. 把紫菜分成两半，分别放在紫菜包饭专用竹帘上，摊上调好味的米饭、调好味的油豆腐、调好味的午餐肉卷好。

5. 在煎锅里加入少许食用油涂匀，倒入打好的鸡蛋液。
6. 趁鸡蛋的上一面还没有熟透前，撒上比萨奶酪。

Tip 等煎锅温度很高时摊上鸡蛋液之后马上关火，撒上比萨奶酪，这样鸡蛋才不会粘锅或煳锅。

7. 在鸡蛋饼两端各放上一条卷好的紫菜包饭，往锅中间卷。

Tip 比萨奶酪融化后会黏合紫菜包饭和鸡蛋饼。

8. 等鸡蛋饼全熟了之后，切成六等份就可享用。

Tip 等油豆腐鸡蛋卷凉透之后切，外观才好看。可以按照自己的喜好切成不同的大小和形状。

下饭菜的五彩变身——油豆腐炖魔芋

分量：2~3 人份

制作时间：30分钟

难度：中级

“油豆腐富含蛋白质、钙质，有助于小孩子的成长发育。劲道的魔芋用酱油调好味后味道更佳，油豆腐炖魔芋是一道很好的下饭菜。”

材料

- □ 油豆腐 5张
- □ 魔芋 150g
- □ 胡萝卜 1/4个
- □ 青辣椒 10个
- □ 红辣椒 1/2个
- □ 银杏 5颗
- □ 海带6cm 1片
- □ 黑芝麻 1/2小勺
- □ 食用油 1大勺

| 调料 |

- □ 浓汁酱油 $1\frac{1}{3}$大勺
- □ 金枪鱼液 1小勺
- □ 清酒 1大勺
- □ 白糖 1/2大勺
- □ 低聚糖 1/2大勺
- □ 蒜泥 1小勺
- □ 海带汤 1/2杯
- □ 香油 1/2大勺

制作指南

1. 捞出海带汤中的海带切成4cm长的细丝，魔芋切成长宽为2cm × 5cm、厚0.3cm的长条后，切出三个刀花，把切好的部分翻转过来。

2. 银杏用食用油翻炒后去皮。
3. 魔芋和油豆腐倒入热水中焯一下，油豆腐沥干水分后切成1cm宽的丝。
4. 胡萝卜用模具刻成0.2cm厚的图形，或切成0.2cm厚的半圆形。红辣椒斜切成圈或用模具刻出图形。

5. 在汤锅里倒入海带汤、调料、魔芋炖煮，汤汁减少后放入处理好的胡萝卜、油豆腐、青辣椒、海带丝接着炖。
6. 等入味、汤汁减少后关火，然后加入银杏、红辣椒拌匀。

Tip 银杏如果一开始就放入汤中炖煮，不仅会褪色，口感也不好，最好在都炖好之后再放。

7. 盛盘后撒上黑芝麻即可。

注意事项

如果在炖菜中再加入鱼饼、煮鸡蛋、鹌鹑蛋等食物可以吃得更加丰盛。魔芋几乎不含热量，但富含膳食纤维，可以加强肠道蠕动，适合便秘的人食用。

鸡蛋装进油豆腐袋里，油豆腐灌鸡蛋

分量：5个

制作时间：30分钟

难度：中级

“油豆腐灌鸡蛋，是一款很容易做的特色美食。不过在把鸡蛋灌入油豆腐时要十分小心，以免弄破鸡蛋黄。鸡蛋黄保持完整，熟了之后油豆腐袋才会鼓鼓的，很漂亮。”

材料

- □ 油豆腐 5张
- □ 水芹菜 5根
- □ 鸡蛋 5个
- □ 盐 1小撮

| 炖料 |
- □ 水 $1\frac{1}{2}$杯
- □ 酱油 $1\frac{1}{2}$大勺
- □ 金枪鱼液 1小勺
- □ 清酒 1大勺
- □ 蒜泥 1小勺
- □ 大葱 5cm1段（切末）
- □ 白糖 1大勺
- □ 糖稀 2大勺
- □ 香油 1小勺

制作指南

1. 在方形油豆腐一头往里0.1cm处切开。

2. 在沸水中加一点儿盐，水芹菜切去叶子倒入沸水中焯30秒钟捞出，把步骤1中的油豆腐倒入焯过水芹菜的水中焯 1分钟。

   Tip 焯水芹菜时加点儿盐可以保持水芹菜色泽鲜亮。

   Tip 油豆腐煮沸之后会浮起来，焯油豆腐时要用力把油豆腐压在水中。

3. 鸡蛋打开，分开蛋清、蛋黄，打开一个焯过的油豆腐，用小勺把一个鸡蛋黄完整地放入油豆腐里。

4. 把放入鸡蛋的油豆腐用焯好的水芹菜捆好。

   Tip 用水芹菜捆扎时，可以把放入鸡蛋黄的油豆腐放在勺子或计量杯里，以防止油豆腐倒掉。

5. 在汤锅里调制好炖料后煮沸，把油豆腐包放在漏勺上，放到调料里用中火炖大约7分钟捞出即可。

   Tip 油豆腐包立起来后，鸡蛋才不会流出来，这样做出的油豆腐包才好看，也可以用架子或漏网把油豆腐包立起来。

2

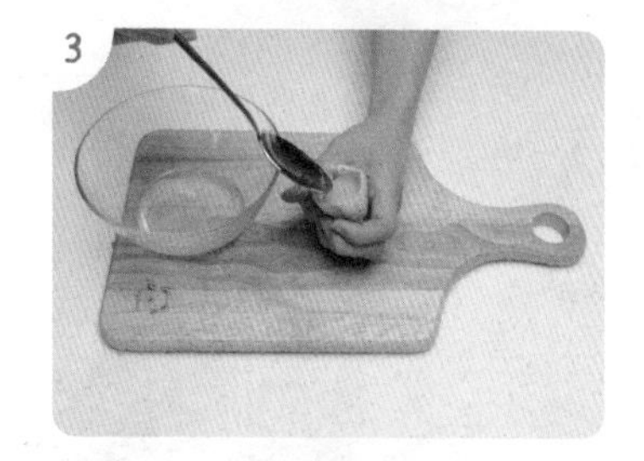
3

5

油豆腐包沙拉——油豆腐寿司卷沙拉

- 分量：2人份
- 制作时间：25分钟
- 难度：中级

“在油豆腐寿司上放上爽口好吃的沙拉，加入了加州寿司卷的味道，口感更佳。外出游玩或在家中都可以当作一顿饭食用。”

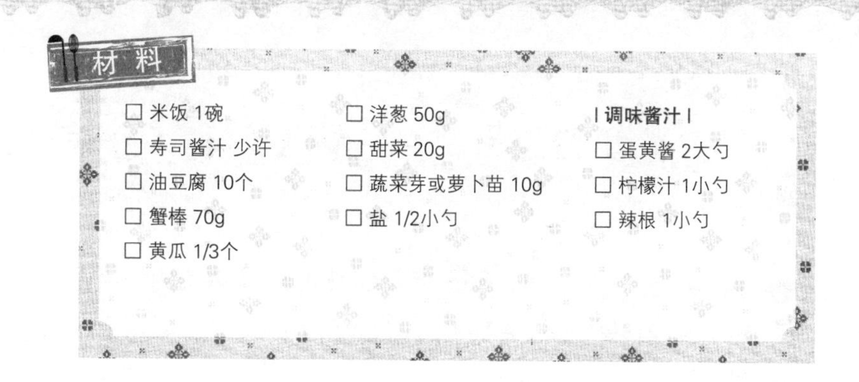

材料

- ☐ 米饭 1碗
- ☐ 寿司酱汁 少许
- ☐ 油豆腐 10个
- ☐ 蟹棒 70g
- ☐ 黄瓜 1/3个
- ☐ 洋葱 50g
- ☐ 甜菜 20g
- ☐ 蔬菜芽或萝卜苗 10g
- ☐ 盐 1/2小勺

| 调味酱汁 |

- ☐ 蛋黄酱 2大勺
- ☐ 柠檬汁 1小勺
- ☐ 辣根 1小勺

制作指南

1. 沥干油豆腐中的水分。
2. 在米饭里放入油豆腐寿司调味酱汁拌匀，制成寿司。
3. 蟹棒切成5cm长的段后，撕成细丝。黄瓜也切成5cm长的段，旋转着切成长条后切成细丝。洋葱、甜菜也切成细丝。
4. 在1/3杯水中加入1/2小勺盐，放入黄瓜、洋葱腌制5分钟，捞出挤干水分备用。

   Tip 所有食材的水分全部去除后，用蛋黄酱搅拌时酱汁才不会散。

5. 在碗里倒入步骤3中的食材和调味酱汁搅拌均匀做成沙拉。
6. 打开油豆腐，塞入寿司，上面放上沙拉。
7. 在上面装饰上蔬菜芽即可。

梦幻组合——纳豆紫菜粥

分量：2人份

制作时间：25分钟

难度：中级

"日本代表性豆类发酵食品纳豆与紫菜最为相配，试着用心煮一碗美味的纳豆紫菜粥吧。"

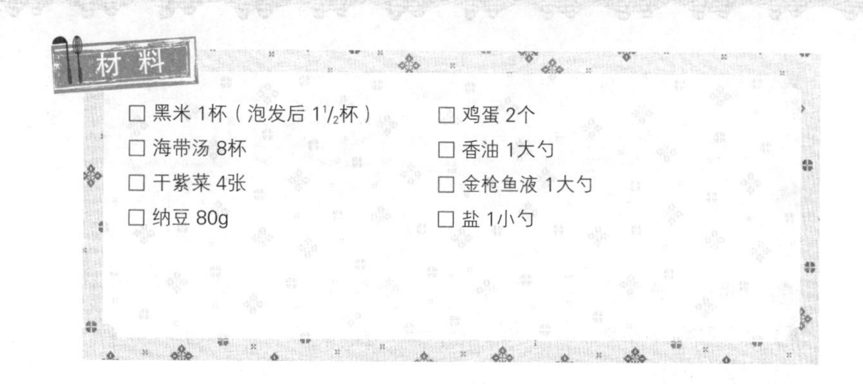

材料

- □ 黑米 1杯（泡发后 $1\frac{1}{2}$杯）
- □ 海带汤 8杯
- □ 干紫菜 4张
- □ 纳豆 80g
- □ 鸡蛋 2个
- □ 香油 1大勺
- □ 金枪鱼液 1大勺
- □ 盐 1小勺

制作指南

1. 把泡好的黑米倒入臼里或碗里捣碎。

   Tip 黑米捣碎之后可以很快煮烂，有利于消化。

2. 在汤锅里倒入香油、捣碎的黑米，用小火翻炒2分钟。

   Tip 黑米用香油翻炒后，熬出来的粥更香，香油也不会浮在粥上面。

3. 在第2步的锅中倒入海带汤煮沸，把紫菜撕碎撒入粥里。

4. 用中火大约煮15分钟，黑米煮烂后加入纳豆、金枪鱼液、盐煮 1分钟。

5. 把纳豆紫菜粥盛入碗中，上面放上生鸡蛋黄就完成了。

另类生金枪鱼片——泡菜纳豆拌生鱼片

分量：2人份

制作时间：20分钟

难度：初级

“在生金枪鱼片里加入美味的辣白菜泡菜和好吃的纳豆，做出一道新式生金枪鱼片。辣白菜泡菜可以去除金枪鱼的油腻，再加上纳豆的香气，可以享受到一种与众不同的美味。”

材料

□ 泡菜 100g
□ 冷冻金枪鱼肉 100g
□ 盐 1小撮
□ 水 1杯
□ 纳豆 100g
□ 小葱 1根
□ 干紫菜 3张

| 纳豆调料 |

□ 罐头芥末 1/2小勺
□ 酱油 1/2小勺

| 泡菜调料 |

□ 熟芝麻 1/2小勺
□ 香油 1/2小勺
□ 低聚糖 1/2小勺

制作指南

1. 调好纳豆调料，和纳豆拌匀。

2. 在1杯水中加入一小撮盐，把冷冻的金枪鱼肉放入盐水中浸泡30秒钟捞出，用棉布去除水分后切成适合入口大小。

   Tip 金枪鱼用淡盐水解冻，味道和口感才会新鲜。

3. 把泡菜切成1cm长的小段，挤干水分后加入调料拌匀。

   Tip 泡菜在凉拌之前挤干水分，用紫菜包着吃的时候才不会有泡菜汤流出。

4. 小葱切成葱花，把半张紫菜切成3cm长的细丝，其余的紫菜切成长宽为 7cm × 4cm的长方块。

5. 在盘子里放入处理好的泡菜、金枪鱼片、纳豆，在上面撒上紫菜丝和小葱花。搭配烤好的紫菜食用，或者把所有的食材拌匀后食用。

   Tip 金枪鱼切成细条，和泡菜、纳豆一起凉拌后，用模具刻出形状就成了形状各异的生金枪鱼片了。

1

2

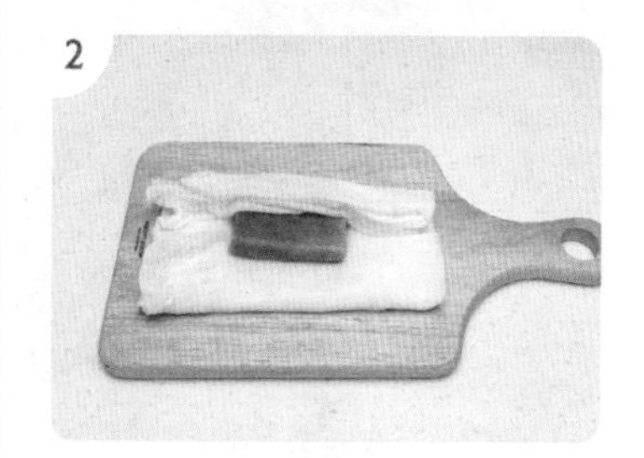

3

注意事项

纳豆和韩国的清麴酱都是利用稻草中的芽孢杆菌发酵而成，豆子的表面附着一层黏液，搅拌之后体积变大，也更加黏稠，是一种日本常见的发酵食品。纳豆的原料——黄豆中均衡地含有蛋白质、脂肪、矿物质等营养元素，可以预防心脏病、骨质疏松和肥胖症，还可以调节胃肠运动，延缓衰老。

漂亮地包上各种食材——纳豆菜包饭

分量：2人份

制作时间：30分钟

难度：中级

“菜包饭是韩国正月十五吃的一种时令食品，可以边吃边祈福。里面可以包入各种蔬菜或紫菜，再加入好吃的纳豆，就变身为别具特色的菜包饭了。”

材料

- □ 牛肉末 50g
- □ 纳豆 30g
- □ 米饭 1碗（200g）
- □ 卷心菜 50g
- □ 海带片 50g
- □ 水芹菜 30g
- □ 包饭酱 2大勺
- □ 盐 1/4小勺
- □ 香油 1小勺

| 牛肉调料 |

- □ 蒜泥 1/2小勺
- □ 酱油 1小勺
- □ 白糖 1/2小勺
- □ 芝麻盐 少许
- □ 胡椒粉 少许
- □ 香油 1小勺

制作指南

1. 牛肉末用牛肉调料调好味后用中小火炒熟。

   Tip 肉末用太大的火翻炒，容易结团不容易炒散。所以要用中小火翻炒。

2. 在米饭中加入牛肉末、纳豆、1/4小勺盐、1小勺香油调味。

3. 卷心菜切去芯子，菜叶倒入热水中焯3分钟，捞出放凉。把水芹菜倒入焯过卷心菜的水里焯1分钟。海带片倒入水中焯30秒钟后捞出，倒入凉水中浸泡5分钟，去除盐分备用。

4. 展开卷心菜菜叶，抹上一些包饭酱，上面放上一大勺步骤2中拌好的米饭卷成卷，用水芹菜捆扎好。海带片也用相同的方法包好米饭，卷成卷后用水芹菜捆扎好。

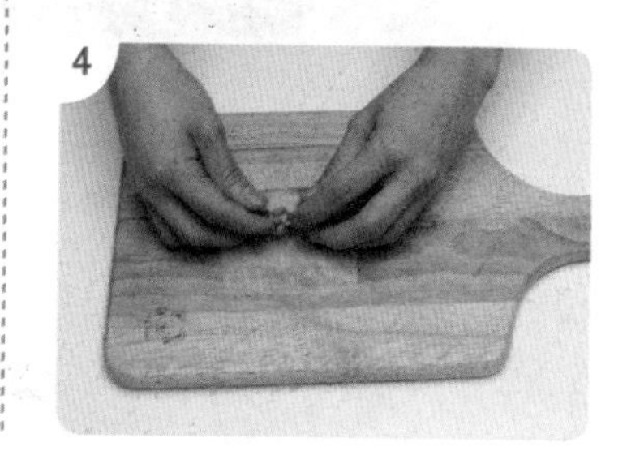

5. 把两种饭卷装盘享用即可。

注意事项

除了海带、卷心菜以外，还可以用泡菜或苏子叶等其他蔬菜做包饭菜。

色香味俱全的鸡胸肉纳豆芝士卷

分量：2人份

制作时间：40分钟

难度：中级

“鸡胸肉是一种有利于减肥瘦身的代表性食材，我们用一种新的方式烹饪鸡胸肉，色香味俱全，还不必担心长肉，大家也都试一试吧。”

材料

- ☐ 鸡胸肉 200g
- ☐ 柿子椒（黄色、红色、绿色）30g
- ☐ 盐 1小撮
- ☐ 纳豆 30g
- ☐ 芝士 2片
- ☐ 嫩菜叶 20g
- ☐ 蔬菜芽 20g
- ☐ 苏子叶 2张
- ☐ 面粉 1大勺
- ☐ 金枪鱼液 1小勺
- ☐ 食用油 2大勺

| 鸡胸肉调料 |

- ☐ 盐 1/2小勺
- ☐ 胡椒粉 少许
- ☐ 清酒 1大勺

| 巴撒米克酱汁 |

- ☐ 巴撒米克醋 1/2杯
- ☐ 橄榄油 1大勺
- ☐ 洋葱 20g
- ☐ 白糖 1小勺
- ☐ 盐 1/2小勺
- ☐ 胡椒粉 少许

制作指南

1. 把鸡胸肉片成薄片，用刀把肉质敲软，加入盐、胡椒粉、1大勺清酒调味。

2. 柿子椒切末倒入煎锅里，加1小撮盐翻炒1分钟。

3. 在碗里倒入纳豆、翻炒后的柿子椒、1小勺金枪鱼液，搅拌均匀。

4. 把调好味的鸡胸肉展开，在上面依次放上芝士片、苏子叶、步骤3调好的食材卷成卷。在边缘处撒些面粉黏合鸡肉。

5. 等煎锅热了之后涂上一层食用油，放入步骤4不断翻转，用小火均匀地烤熟，然后盖上锅盖焖大约5分钟。等鸡肉熟透后，切成适合入口大小。

   Tip 盖上锅盖煎，可以让鸡肉里外受热均匀。

6. 在煎锅里倒入调配巴撒米克酱汁的所有材料，用中火慢慢熬煮，把汤汁熬去一半。

7. 把步骤5装盘，然后放上蔬菜芽、嫩菜叶，淋上巴撒米克酱汁食用或蘸巴撒米克酱汁食用都可。

1

4

5

香喷喷不刺激，裙带菜味噌汤

分量：2人份

制作时间：30分钟

难度：中级

“传统的大酱汤味道虽香，但是太咸了。日式味噌汤口感清淡柔和，香气扑鼻。”

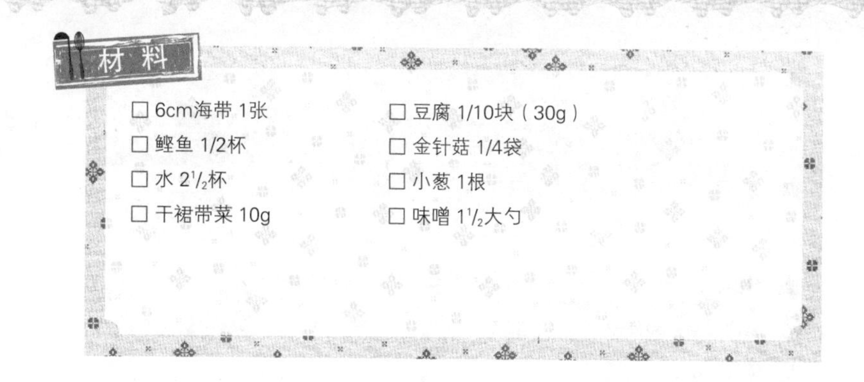

材料

- □ 6cm海带 1张
- □ 鲣鱼 1/2杯
- □ 水 $2\frac{1}{2}$杯
- □ 干裙带菜 10g
- □ 豆腐 1/10块（30g）
- □ 金针菇 1/4袋
- □ 小葱 1根
- □ 味噌 $1\frac{1}{2}$大勺

制作指南

1. 海带擦洗干净后放入汤锅中，加凉水（$2\frac{1}{2}$杯）慢慢熬煮，干裙带菜用水泡发备用。

2. 海带汤煮开后加入鲣鱼，关火，泡10分钟左右，用滤勺沥干水分备用。

   Tip 海带煮的太久味道会发苦，不清爽，一煮开就要马上关火，鲣鱼煮沸后有股腥味，一般都是浸泡食用。

3. 豆腐切成边长为0.5cm的小方块，泡发好的裙带菜切成1cm宽，金针菇切成 2cm长，小葱切成葱花。

   Tip 汤里的食材要切小一点儿才方便喝。

4. 味噌放入步骤2的汤锅中用漏勺弄散煮开，放入切好的豆腐、裙带菜、金针菇，用中火煮3分钟，关火，撒上小葱花即可。

   Tip 味噌汤和大酱汤不同，比较清淡，所以调味料不要放得太多。

令人食欲大增的牛胸肉清麴酱汤

分量：2人份

制作时间：30分钟

难度：中级

“清麴酱由于气味特殊，人们对其的喜好往往大相径庭。在汤里加点儿大酱缓和一点儿清麴酱特殊的气味，再放上一些劲儿道的牛胸肉，就做出了一碗人人爱喝的酱汤。”

材料

- ☐ 牛胸肉 100g
- ☐ 西葫芦 1/5个（30g）
- ☐ 豆腐 1/6块（约50g）
- ☐ 尖辣椒 1个
- ☐ 红辣椒 1个
- ☐ 平菇 30g
- ☐ 洋葱 1/6个
- ☐ 紫苏油 1小勺
- ☐ 蒜泥 1大勺
- ☐ 海带汤 2杯

| 调料 |

- ☐ 清麴酱 1大勺
- ☐ 大酱 1大勺
- ☐ 辣椒粉 1小勺
- ☐ 金枪鱼液 1大勺

制作指南

1. 先把西葫芦切成0.5cm厚的薄片，然后切成4等份的银杏叶形状；平菇去根部，撕成适合入口大小；尖辣椒、红辣椒斜切成0.5cm厚的圆圈；洋葱、豆腐切块。

2. 汤锅加热后刷上紫苏油，放入牛胸肉翻炒1分钟，再加入调料用中火翻炒20秒钟，倒入海带汤煮开。

3. 然后放入处理好的豆腐、西葫芦、平菇、洋葱、蒜泥再次煮开，放入切好的尖辣椒、红辣椒再用中火煮3分钟即可。

1

2

注意事项

清麴酱是韩国一种固有的优良食材，有卓越的抗癌效果，还有降血压，预防便秘的功效，有助于保持身材。

健康美食——清麴酱虾仁炒饭

- 分量：1人份
- 制作时间：15分钟
- 难度：中级

"虾仁放进炖汤里可以让汤味更加鲜美，和米饭一起翻炒更是美餐。"

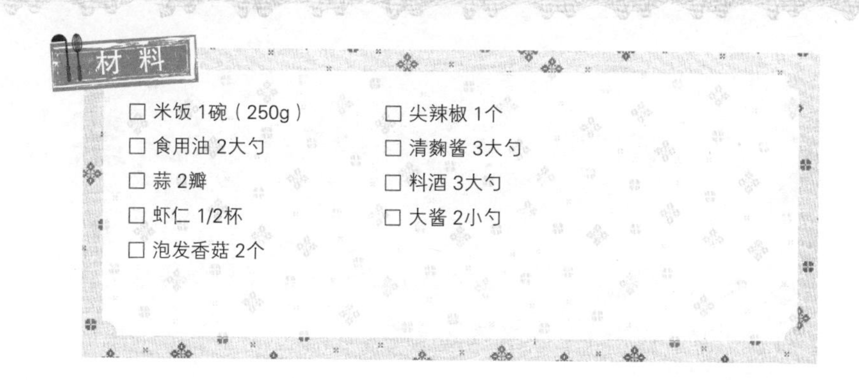

材料

- □ 米饭 1碗（250g）
- □ 食用油 2大勺
- □ 蒜 2瓣
- □ 虾仁 1/2杯
- □ 泡发香菇 2个
- □ 尖辣椒 1个
- □ 清麴酱 3大勺
- □ 料酒 3大勺
- □ 大酱 2小勺

制作指南

1. 把虾仁倒入煎锅里翻炒，去除腥味。
2. 把蒜切片，香菇切碎，尖辣椒横切成圆圈。
3. 在煎锅里涂上一层食用油，倒入蒜片，用中火翻炒30秒钟。

Tip 带有蒜香的食用油可以去除清麴酱的陈腐味道。

4. 倒入虾仁、泡发香菇、清麴酱、料酒、大酱翻炒。
5. 倒入米饭用大火翻炒，然后放入尖辣椒出锅。

Tip 尖辣椒的辣味可以开胃。

注意事项

用微波炉加热放在冰箱的米饭时，可以在米饭上面先刷一层食用油或蛋黄酱，这样炒出来的米饭粒不结团儿。

街头名小吃——油炸清麴酱紫菜卷

分量：8个（4人份）

制作时间：20分钟

难度：中级

"小时候在学校前面的炒年糕店里吃过油炸紫菜卷，虽然紫菜卷里只包了粉条，蘸上炒年糕汤却十分好吃。如果在里面加入清麴酱，既可以摄取营养，大饱口福，又可以追忆美好的童年。"

材料

- □ 清麴酱 4大勺
- □ 粉条 60g
- □ 苏子叶 8张
- □ 鸡蛋黄 1个
- □ 干紫菜 2张
- □ 食用油 2杯

| 馅料调料 |

- □ 酱油 1小勺
- □ 白糖 1小勺
- □ 香油 1小勺
- □ 熟芝麻 1小勺

| 面糊 |

- □ 面粉 2/3杯
- □ 水 2/3杯

制作指南

1. 先把粉条放入凉水中浸泡10分钟，然后放入沸水中用大火煮2分钟。
2. 在碗里倒入清麴酱、鸡蛋黄、馅料调料搅拌均匀。
3. 紫菜切成4等份，在紫菜上铺上苏子叶，放上拌好的馅料和粉条。
4. 在紫菜的边缘涂点儿水，卷成卷。
5. 紫菜卷裹上面糊后放入油温180℃的食用油中，用中火炸制1分钟即可。

2

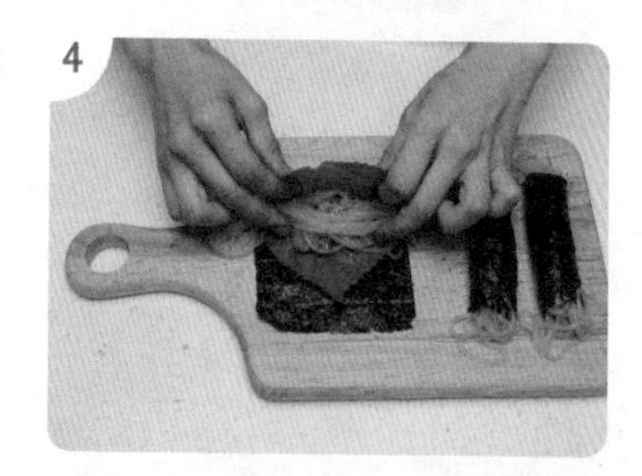
4

5

注意事项

一般油炸食品的油温是170～190℃，如果没有温度计可以往油锅里滴一点面糊，如果面糊下沉后马上浮上来，就表明油温正合适。

清麴酱的味道去哪里了?

油炸清麴酱红薯丸子

分量：10个

制作时间：20分钟

难度：中级

"在蒸熟的红薯里加入清麴酱揉成圆圆的小丸子，炸得黄黄的，脆脆的，穿成一串一串的，连不喜欢吃清麴酱的孩子也会很喜欢。"

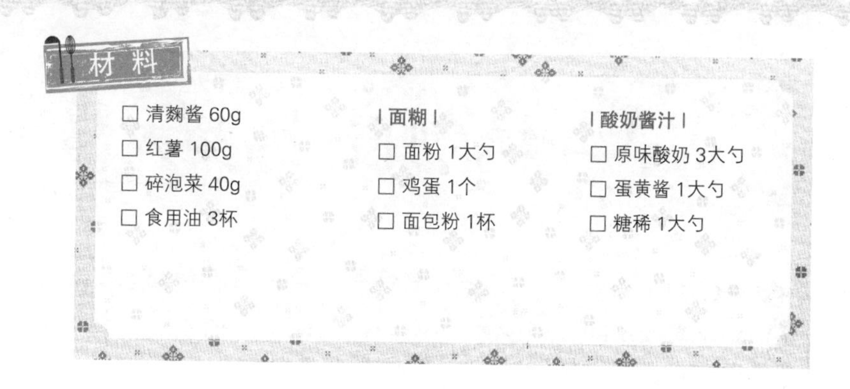

材料

☐ 清麴酱 60g
☐ 红薯 100g
☐ 碎泡菜 40g
☐ 食用油 3杯

| 面糊 |
☐ 面粉 1大勺
☐ 鸡蛋 1个
☐ 面包粉 1杯

| 酸奶酱汁 |
☐ 原味酸奶 3大勺
☐ 蛋黄酱 1大勺
☐ 糖稀 1大勺

制作指南

1. 把红薯带皮放入蒸笼蒸20分钟，去皮后用餐叉捣碎。

   Tip 蒸红薯、土豆时，不用提前加热蒸笼，直接用凉水蒸才能保证里外熟透。

1

2. 把捣碎的红薯、清麴酱、碎泡菜搅拌均匀，揉成直径约为 3cm的丸子。

3. 先在丸子上裹一层面粉，然后裹上鸡蛋液，再裹上一层面包粉。

   Tip 面糊要按照面粉—鸡蛋液—面包粉的顺序裹，这样油炸的时候才不会溅油。

3

4. 把丸子放入油温180℃的食用油中炸大约1分钟，炸至金黄。

   Tip 里面不用炸得太透，等丸子表面金黄就可以捞出。

4

5. 穿成串后淋上提前做好的酸奶酱汁即可。

注意事项

裹面包粉的油炸食物为什么还要先裹面粉和鸡蛋？

裹上面粉后，可以锁住食材本身的味道和水分，鸡蛋还可以很好地黏合面粉和面包粉。

一碗香喷喷的虾仁锦葵大酱汤

分量：2人份

制作时间：20分钟

难度：初级

“把大酱打散，再加入锦葵和美味的虾仁，不必提前炖制高汤就可以做出一碗柔和、舒胃的大酱汤。”

材料

☐ 锦葵 200g
☐ 海带汤 4杯
☐ 干虾 1/2杯
☐ 6cm大葱 1段
☐ 盐 1/3小勺
☐ 水 4杯

| 调料 |
☐ 大酱 2大勺
☐ 辣椒粉 1/2小勺
☐ 蒜泥 1小勺
☐ 黄豆酱油 1小勺

制作指南

1. 用手择去锦葵的根部，去掉坚硬的纤维后放入碗里用水浸泡一会儿，然后用手揉出绿色的汁水。

   ※Tip※ 用手揉出锦葵里的水分可以去除锦葵的草腥味，柔和口感。

2. 在4杯水里放入1/3小勺盐，把收拾好的锦葵放入盐水中焯大约1分钟，用凉水冲凉后挤干水分，切成3cm长的段，大葱斜切成0.5cm宽的葱花。

   ※Tip※ 如果没有锦葵，也可以用小白菜、白菜、菠菜代替，口感也很不错。

3. 煎锅加热烧干，倒入干虾翻炒1分钟，然后把炒好的干虾放在洗碗巾上，揉搓去除虾爪、虾须。

   ※Tip※ 干虾在煎锅里翻炒之后可以去除杂质和腥味，煮出来的汤更为清亮。

4. 在汤锅里加入海带汤，把调料打散后放入干虾煮开，然后倒入锅中一起再煮大约3分钟。

5. 再次煮开后，加入锦葵煮7分钟，然后加入切好的葱花煮1分钟即可出锅。

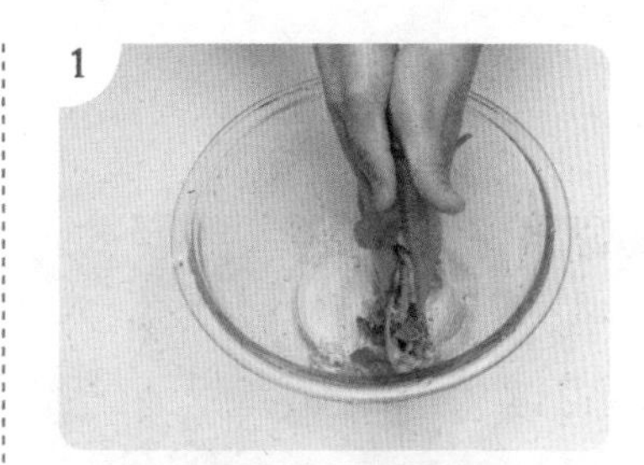
1

4

5

注意事项

干虾脂肪含量低，蛋白质含量比鲜虾高，钙质丰富。同时富含铁和维生素，营养丰富，非常适合处于身体发育阶段的孩子食用。锦葵富含对人体有益的维生素A、钙、磷。干虾遇上锦葵，美味又营养。

爽口美味汤——小白菜大酱汤

分量：2人份

制作时间：20分钟

难度：初级

“有些食物会让人想起过去，软软的小白菜和香喷喷的大酱汤就会给人带来这种亲近感，今晚把小白菜大酱汤端上餐桌怎么样？”

材料

☐ 小白菜 200g
☐ 牛肉 80g
☐ 香油 1小勺
☐ 水 4杯
☐ 大葱 1/2根（切片）
☐ 金针菇 1/2袋
☐ 红辣椒 1/3个（切片）
☐ 青辣椒 1/3个（切片）

| 白菜调料 |

☐ 大酱 2大勺
☐ 蒜泥 2小勺
☐ 辣椒粉 2小勺
☐ 金枪鱼液 2小勺

制作指南

1. 把小白菜倒入沸水中焯一下，挤干水分，切成5cm长的段，用白菜调料调味。

1

2. 在汤锅里涂上一层香油倒入牛肉翻炒，然后放入调好味的白菜，用中火翻炒 2分钟。

Tip 牛肉先翻炒一下后再放入调好味的白菜，会减少牛肉的腥味。

2

3. 倒入4杯水煮沸，然后盖上锅盖，用中火再煮大约20分钟。

Tip 盖上锅盖煮可以减少水分流失，中间可以不用加水。

4. 加入切好的大葱，青、红辣椒，以及金针菇出锅。

4

注意事项

焯小白菜的方法：

在10杯中加入1小勺粗盐煮沸，放入小白菜，1分钟后翻一下，再焯3分钟后用凉水冲凉，挤干水分后放入冷冻室，可以随用随取。

烤肉始祖——大酱烤猪肉

分量：2人份

制作时间：40分钟

难度：中级

“烤猪肉从高句丽时代就深受人们喜爱，一般用辣椒酱或酱油调料进行腌制。如果用大酱调料腌制既可以去除猪肉的肉腥味，又可以增添烤肉的香味。”

材料

☐ 猪颈肉（或里脊肉）300g
☐ 大葱 2段（切丝）

| 大酱调料 |
☐ 大酱 2大勺
☐ 低聚糖 3大勺
☐ 清酒 1大勺
☐ 蒜泥 1大勺
☐ 姜汁 1小勺
☐ 紫苏油 1大勺
☐ 芝麻盐 1/2小勺
☐ 胡椒粉 少许

制作指南

1. 把猪肉切成0.8cm厚的片，用捶肉棒捶烂。

   Tip 如果没有捶肉棒，可以用刀背敲打后用刀刃把肉筋剁碎，把肉剁软。

2. 葱切成细丝，浸泡到凉水里。

   Tip 葱浸泡在凉水里可以去除辛辣味，口感更加脆爽。

3. 调好调料后涂在肉上腌制30分钟。

4. 煎锅加热后放上腌好的猪肉，用中小火翻烤至两面金黄。

   Tip 烤肉要用中小火，这样才能受热均匀，不会烤焦调料。

5. 装盘，搭配葱丝一起食用。

1

3

4

注意事项

野营或去野外游玩时，把腌制好的猪肉放在烧烤网或烧烤架上烤着吃风味更佳。

软软的下饭菜——大酱紫苏子蒸小青椒

分量：2人份

制作时间：15分钟

难度：初级

“把小青椒蒸熟后拌上香喷喷、甜丝丝的大酱紫苏子调料，浇在米饭上吃最为下饭。”

材料

☐ 小青椒 150g
☐ 面粉 3大勺
☐ 红辣椒 1/3个（切圈）
☐ 青辣椒 1/3个（切圈）

| 大酱紫苏子调料 |
☐ 大酱 $1\frac{1}{2}$大勺
☐ 白糖 1大勺
☐ 糖稀 1小勺
☐ 蒜泥 1小勺
☐ 5cm大葱 1段（切碎）
☐ 紫苏子粉 2大勺
☐ 辣椒粉 1小勺
☐ 酱油 1小勺
☐ 香油 1大勺
☐ 熟芝麻 1/3小勺

制作指南

1. 小青椒去蒂，用餐叉扎出几个小孔。

   Tip 小青椒扎了孔后，蒸笼里的蒸汽可以很快地传导到辣椒里。

2. 小青椒裹上面粉后放入冒着热气的蒸笼里蒸2分钟。

   Tip 裹上面粉后蒸，可以防止小青椒中的水分蒸发。把面粉和小青椒放入塑料袋里密封后摇晃几下，小青椒便均匀地裹上了面粉。

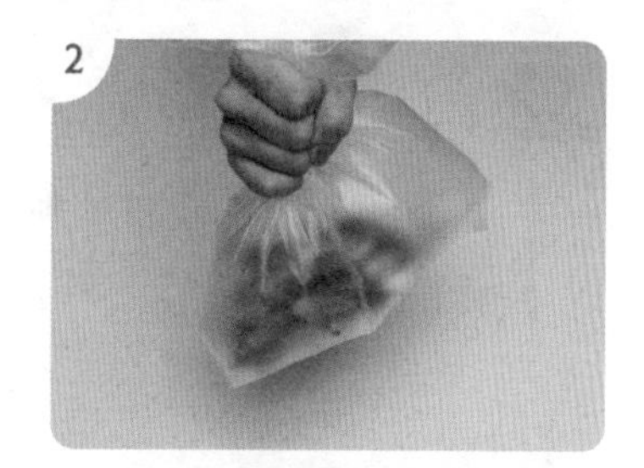

3. 调好大酱紫苏子调料，倒入青、红辣椒圈和蒸好的小青椒拌匀。

   Tip 要等小青椒的热气全消后搅拌才不会太稀软。

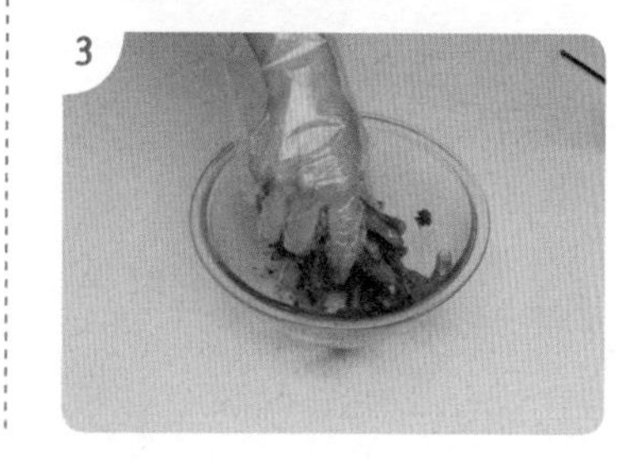

注意事项

小青椒没有普通的辣椒辣，肉质较软，小孩子吃起来也比较容易，适合做成小菜。此外小青椒富含维生素和膳食纤维，在炎热的夏季可以为疲惫的身心注入活力。